重庆市特色专业建设成果

计算机辅助绘图与三维造型

主　编 ◎ 强　华　吴绍峰　武时会
副主编 ◎ 邓玉容　李正网
参　编 ◎ 蒋海义　范盈圻　晏　越
主　审 ◎ 徐尊平

西南交通大学出版社
·成　都·

内容提要

本书分为两部分，分别介绍了计算机辅助绘制二维工程图和三维实体造型技术。第 1 ~ 5 章主要介绍了 AutoCAD 2014 绘图软件绘制机械工程图样的方法，内容包括软件的使用基础、基本绘图环境设置、基本二维图形绘制、图形编辑和块属性与工程标注；第 6 ~ 10 章主要介绍了使用三维设计软件 Pro/E5.0 进行实体造型，内容包括软件使用基础、零件的特征造型、机械装配体设计和二维工程图样的生成；第 11 章介绍了二维和三维综合训练。每章后都精心安排了课后习题，这样可以使学生巩固并检验本章所学的知识。

本书可作为高等工科院校机械类专业教材，还可供机械类工程技术人员参考。

图书在版编目（ＣＩＰ）数据

计算机辅助绘图与三维造型 / 强华，吴绍峰，武时
会主编. 一成都：西南交通大学出版社，2019.8
ISBN 978-7-5643-7056-5

Ⅰ．①计… Ⅱ．①强… ②吴… ③武… Ⅲ．①计算机
辅助设计 – 高等学校 – 教材 Ⅳ．①TP391.72

中国版本图书馆 CIP 数据核字（2019）第 180050 号

Jisuanji Fuzhu Huitu yu Sanwei Zaoxing

计算机辅助绘图与三维造型

	责任编辑/李　伟
主　编/强　华　吴绍峰　武时会	特邀编辑/尹　飞
	封面设计/墨创文化

西南交通大学出版社出版发行
（四川省成都市金牛区二环路北一段 111 号西南交通大学创新大厦 21 楼　610031）
发行部电话：028-87600564　028-87600533
网址：http://www.xnjdcbs.com
印刷：四川煤田地质制图印刷厂

成品尺寸　185 mm × 260 mm
印张　18.25　字数　459 千
版次　2019 年 8 月第 1 版　　印次　2019 年 8 月第 1 次

书号　ISBN 978-7-5643-7056-5
定价　48.00 元

课件咨询电话：028-87600533
图书如有印装质量问题　本社负责退换
版权所有　盗版必究　举报电话：028-87600562

前　言

随着中国由制造大国向制造强国发展，社会急需大批基础知识扎实、综合素质高的应用技术型人才。同时，随着机械 CAD/CAM 技术的广泛应用，计算机绘图技术也已由二维图形设计阶段进入了三维创新设计的飞速发展阶段，从而可以真正实现产品的设计、制造、使用和消亡的全生命周期的数字化过程。AutoCAD、Pro/E 等软件的应用是机械制造的一个重要技术手段，也是工科学生和专业技术人员必须掌握的一项基本技能。

本书以 AutoCAD 2014 为蓝本向读者介绍了计算机辅助绘图的方法，以 Pro/E5.0 为蓝本介绍了零件产品的三维造型，并建立了三维造型与工程制图之间的关系，具体包括认识 AutoCAD、设置绘图环境、创建和编辑二维图形对象、对象特性与图层、尺寸标注、块的使用以及三维机械造型基础等内容。

本书内容的选择和编写具有以下特点：

（1）本书采用 AutoCAD 的经典版本 AutoCAD 2014，同时注意基本内容的系统性和完整性。

（2）本书编写过程遵循由易到难、循序渐进的原则，便于初学者自学。

（3）本书注重贯彻我国 CAD 制图有关最新标准，指导读者有效地将 AutoCAD 的丰富资源与国标相结合，进行规范化设计。

（4）本书插入大量"注意"醒目的标记，向读者推荐有益的经验和技巧。

本书由重庆人文科技学院强华负责统稿和定稿，西南大学徐尊平主审。本书的绪论和第 5 章由重庆人文科技学院强华编写，第 1 章由重庆人文科技学院晏越编写，第 2 章由重庆人文科技学院武时会编写，第 3 章由重庆人文科技学院武时会、李正网编写，第 4 章由重庆人文科技学院邓玉容编写，第 6 章由重庆人文科技学院吴绍峰编写，第 8 章由强华、吴绍峰编写，第 7、10 章由重庆人文科技学院蒋海义、李正网编写，第 9 章由重庆人文科技学院范盈圻编写，第 11 章由范盈圻、强华编写。本书的各个章节联系紧密、步骤翔实、层次清晰，形成一套完整的体系结构。

本书在编写和出版过程中得到编者所在单位的各位同事和领导的大力支持与帮助，在此表示衷心感谢。

由于编者水平有限，书中难免有欠妥和不足之处，敬请读者批评指正。

编　者
2019 年 4 月

目　录

0　绪　论

0.1　计算机绘图技术概述

0.1.1　计算机绘图技术的由来和发展

随着科学技术的发展,产品的竞争日益激烈,为了缩短新产品设计周期和提高设计质量,工程界一直在探索新的绘图方法。计算机绘图的出现,解决了这一矛盾。

计算机绘图是近几十年伴随计算机科学技术迅速发展起来的一门新兴交叉学科,是建立在图形学、应用数学和计算机科学等基础上,运用计算机以及图形输入/输出设备,实现图形设计、显示和输出的方式。计算机绘图是计算机辅助设计的重要组成部分和核心内容。第一,各个工程领域内的设计工作到最后都是以"工程图样"的形式表达出来的;第二,计算机绘图中包括的三维造型技术是实现先进的计算机辅助设计技术的重要基础。大多数设计工作在进行时,首先是构造立体模型,然后进行各种分析、计算和修改,最终定型并输出图样。所以掌握计算机辅助技术,首先必须掌握计算机绘图技术。

1958 年,美国格伯科学仪器公司根据数控机床的工作原理,生产了世界上第一台平台式自动绘图机。之后,世界各国学者开展了大规模的研究,从而使计算机绘图进入了蓬勃发展阶段并逐步得到应用。20 世纪 70 年代以后,随着计算机系统和图形输入/输出设备的迅速发展和更新,计算机系统软件和图形软件的功能不断完善。

当前,计算机绘图技术已朝着标准化、集成化、智能化、网络化的趋势发展,计算机绘图已被许多领域广泛应用,如工业、军事、教育、商业、艺术、管理等领域。

0.1.2　计算机绘图的应用

近几十年来,由于计算机硬件及绘图设备功能的不断增强以及绘图系统软件的不断完善,加上图形具有直观、形象化和便于技术交流等优点,计算机绘图已渗透到许多行业,并得到广泛的应用。

1. 计算机辅助设计与制造

这是计算机绘图应用最为广泛、最为活跃的一个领域。据统计,在所有的 CAD 系统中,计算机辅助绘图的工作量占 53%,辅助设计占 30%,辅助分析占 7%,辅助制造占 10%。由此可见,计算机绘图是 CAD/CAM 领域中极为重要的组成部分。计算机绘图被应用于航空、造船、电子、机械、土木建筑等工程设计领域。计算机绘图可产生部件或结构的精确图样,也可对所设计的系统或部件的图形实现人-机交互设计和布局。

2. 模拟和动画仿真

利用计算机可对机构运动变化、负载下的变形及物体运动进行模拟、仿真，如飞机的模拟、汽车的碰撞等。

3. 地理地质方面的应用

计算机绘图被广泛应用于绘制地理、地质以及其他自然现象的测量图形等，如地形图、海洋地理图、气象图等。

4. 艺术行业

利用计算机可以绘制各种美丽的图案、花纹，甚至是传统的中国画，在纺织、服装行业也用于设计和裁剪等。

5. 计算机辅助教学

在教学中，利用计算机的图形显示可以产生直观、生动的图像，使教学和解题过程形象化，极大地提高了学生的学习兴趣，教学效果良好。

除此之外，计算机绘图技术在医学、农业以及航空航天等领域也起着重要的作用。

0.2　常用绘图软件介绍

计算机绘图不仅需要功能强、操作简单、质量可靠的硬件设备，还需要通用性强、使用方便、易扩展的绘图软件。没有性能优良的软件支持，硬件的作用就得不到充分发挥。因此，大力研制和开发绘图软件是促进计算机绘图技术发展的重要环节。

近年来，市场上已有多种绘图软件，常见的有以下几种：

1. AutoCAD 软件

AutoCAD（Autodesk Computer Aided Design）是 Autodesk（欧特克）公司首次于 1982 年开发的自动计算机辅助设计软件，用于二维绘图、详细绘制、设计文档和基本三维设计，现已经成为国际上广为流行的绘图工具。AutoCAD 具有良好的用户界面，通过交互菜单或命令行方式便可以进行各种操作。它不但具有强大的二维绘图功能，而且具有三维绘图造型功能，广泛用于土木建筑、装饰装潢、工程制图、电子工业、服装加工等多个领域。

2. Pro/Engineer 软件

Pro/Engineer 是美国参数技术公司 PTC（Parametric Technology Corporation）旗下的 CAD/CAM/CAE 一体化的三维软件。Pro/Engineer 软件以参数化著称，是参数化技术的最早应用者，在目前的三维造型软件领域中占有重要地位。Pro/Engineer 作为当今世界机械 CAD/CAE/CAM 领域的新标准而得到业界的认可和推广,是现今主流的 CAD/CAM/CAE 软件之一，特别是在国内产品设计领域占据重要位置。

Pro/Engineer 和 WildFire 是 PTC 官方使用的软件名称，但在中国用户所使用的名称中，并存着多个说法，如 ProE 和 Pro/E 等都是指 Pro/Engineer 软件，Proe2001、Proe2.0、Proe3.0、Proe4.0、Proe5.0、Creo1.0、Creo2.0、Creo3.0 等都是指软件的版本。

3. SolidWorks 软件

SolidWorks 软件是世界上第一个基于 Windows 开发的三维 CAD 系统，它是由美国的 SolidWorks 公司研制开发的。该软件采用自顶而下的设计方法，可动态模拟装配过程。它采用基于特征的实体建模，具有很强的参数化设计和可修改性，最先利用特征树来管理实体的几何特征。

4. UG（Unigraphics NX）

UG 是起源于美国麦道（MD）公司的产品，用于航空航天器、汽车、通用机械以及模具等的设计、分析及制造工程。它是 Siemens PLM Software 公司出品的一个产品工程解决方案，为用户的产品设计及加工过程提供数字化造型和验证手段。Unigraphics NX 针对用户的虚拟产品设计和工艺设计的需求，提供了经过实践验证的解决方案。UG 还是一个交互式 CAD/CAM（计算机辅助设计与计算机辅助制造）系统，它功能强大，可以轻松实现各种复杂实体及造型的建构。

5. CAXA

CAXA（电子图板）是北京北航海尔软件有限公司研制的具有独立版权的国产化绘图软件，是一个高效、方便、智能的通用设计绘图软件。它可帮助设计人员进行零件图、装配图、工艺图表、平面包装等设计，可实现绘图、编辑、导航、智能捕捉、尺寸标注及参数化绘图，操作简单，价位低。

6. 开目 CAD

开目 CAD 是武汉开目信息技术有限责任公司开发的具有自主版权的基于微机平台的 CAD 和图纸管理软件。它面向工程实际，模拟人的设计绘图思路，操作简便，有稳定而强大的绘图与设计功能，机械绘图效率比 AutoCAD 高得多。开目 CAD 有丰富、标准的工程图库，且有强大的图形输出功能，完全兼容 DWG 及 DXF 文件格式，同时还提供了语言开发工具。

0.3 本课程主要内容及要求

0.3.1 本课程的主要内容

本课程内容包括两大块：第 1~5 章是二维图形的绘制部分，以当前应用最为广泛的二维绘图软件 AutoCAD 2014 版本为例，讲述了绘制二维工程图需要的前期准备工作、图形的绘制和编辑、尺寸的标注等内容；第 6~10 章是三维造型部分，以 Pro/E5.0 为例，介绍了实体零件的三维造型和零部件的装配，以及如何将三维实体转化为工程图；第 11 章是对本课程内容的总结和综合训练。

0.3.2　本课程的性质和教学目标

计算机辅助设计技术是机械专业的一门必修课，是在学习了计算机应用基础、机械制图、公差与配合等课程后开设的专业技能课。该课程具有较强的系统性、创新性、针对性和实用性。通过该课程的学习，学生可以巩固机械专业基础知识，对机械零件及产品设计工作的性质、任务、作用及其意义应有比较全面的了解；同时可培养学生良好的机械行业从业意识、认真的工作态度和一丝不苟的工作作风；还可培养学生严格遵守国家标准的意识，并且具有查阅有关标准的能力，初步具备进行机械产品设计的能力和解决问题的能力。

0.3.3　本课程学习的主要方法

本课程作为软件类课程，注重在实践中学习理论知识，学生通过大量的实训和练习达到熟练使用鼠标和键盘命令的目的。在学习和练习过程中，要求学生遵循机械制图原则，选择合适的绘图和编辑命令；绘图过程要仔细，不可粗心大意，最终达到精确、快速绘图的目的。

0.3.4　本课程总体要求

要求将操作命令与案例分析相结合，启发、引导与讨论相结合来理解和掌握 AutoCAD 2014 和 Pro/E5.0 的操作命令和使用方法。通过本课程的学习，明确计算机辅助设计绘图在机械设计中的重要作用与地位；理解和掌握零件绘图和零件造型的原理和方法，从而为机械设计打下坚实的基础。

习　题

0-1　什么是计算机绘图？计算机绘图的功能包括哪些？

0-2　常用的绘图软件有哪些？

0-3　本课程主要内容包括哪些？

1　AutoCAD 2014 简介

使用 AutoCAD 开始绘图之前，需要掌握一些基本的操作内容，主要包括 AutoCAD 的工作界面、文件的基本操作和在绘图过程中鼠标的使用等。

学习目标：熟悉 AutoCAD 2014 经典工作界面，掌握"新建""打开""保存"等功能操作。

1.1　AutoCAD 2014 概述

AutoCAD（Autodesk Computer Aided Design）是美国的 Autodesk（欧特克）公司推出的 CAD 软件，首次于 1982 年开发，经历了 30 多年近 20 次版本的升级，发展到现在的一种交互式自动计算机辅助设计软件。AutoCAD 2014 在之前版本的基础上进行了很大的改动，性能和功能方面都有所增强。操作界面与 Office 界面相似，具有更好的绘图界面、形象生动和简洁快速的设计环境，同时与低版本完全兼容。AutoCAD 2014 主要用于二维绘图、详细绘制、设计文档和基本三维设计，现已成为国际上广为流行的绘图工具，广泛应用于机械、电子、造船、汽车、城市规划、建筑、测绘等许多行业。

1.1.1　AutoCAD 特性

首先，AutoCAD 是一款可视化的绘图软件，许多命令和操作可以通过菜单选项和工具按钮等多种方式得以实现。而且 AutoCAD 具有丰富的基本绘图和绘图辅助功能，如实体绘制、关键点编辑、对象捕捉、标注、显示控制等，它的工具栏、菜单设计、对话框、图形打开预览、信息交换、文本编辑、图像处理和图形的输出预览为用户绘图带来了很大方便。其次，它不仅在二维绘图方面处理更加成熟，三维功能也日益完善，可方便地进行建模和渲染。另外，AutoCAD 不但具有强大的绘图功能，更重要的是它的开放式体系结构，赢得了广大用户的青睐。

1.1.2　AutoCAD 2014 主要功能

AutoCAD 是用于二维设计与绘图及三维设计与建模的系统工具，用户可以使用它来创建、浏览、管理、打印、输出、共享及准确设计图形。AutoCAD 2014 中引入了诸多全新的功能。

1. 绘图功能

AutoCAD 的"绘图"工具栏或"绘图"功能提供了丰富的图元实体绘制工具，用户可以简单地使用键盘输入或者鼠标单击这些工具就可以直接画线、圆和圆弧，以及常用的规则图形或形体等。用户还可以通过块插入、CAD 设计中心或网络功能插入标准件或常用图形，通过图形编辑与尺寸标准工具和其他工具，可以设计和绘制出规范的工程图样。

2. 图形编辑功能

AutoCAD 具有强大的图形编辑功能，通过复制、平移、旋转、缩放、镜像、阵列等图形编辑功能，可以使绘制图形事半功倍，如布尔运算使得三维复杂实体的生产变得简单而易于掌握。

3. 三维建模功能

AutoCAD 具有强大的三维建模功能，用户可以直接调用圆柱、圆锥、球、环等基本实体，也可以直接用"多段体"绘出三维图形；此外，还可以将一些平面图形通过拉伸、旋转等手段构建三维对象。

4. 打印输出功能

AutoCAD 2014 可以将不同格式的图形导入进来或者将 AutoCAD 图形文件以其他格式输出，实现数据的共享及资源的最大利用。AutoCAD 2014 还具备了以 PDF 格式发布图形文件的功能。绘制好图形后，AutoCAD 可以通过绘图机、打印机等打印输出设备将图形显示在纸介质上。

5. 网络传输（Internet）功能

AutoCAD 2014 提供了强大的 Internet 工具，使用户之间能够共享资源和信息，用户可以获取信息，可以下载需要的图形，也可以将绘制好的图形通过网络传输出去，还可以实现多用户对图形资源的共享。

6. 智能命令行

命令行得到了增强，可以提供更智能、更高效的访问命令和系统变量，而且还可以使用命令行来搜索命令、自动更正和实现在线帮助等内容。命令行的颜色和透明度可以随意改变，同时也做得更小。

7. 文件选项卡

AutoCAD 2014 版本提供了图形选项卡，方便在打开的图形间切换或创建新图形。

（1）文件的选项卡是以文件打开的顺序来显示的，可以拖动选项卡来更改文件之间的位置。

（2）如果文件的选项卡上有一个锁定的图标，表明该文件是以只读方式打开的。用户可以使用"视图"功能区中的"图形选项卡"控件来打开图形选项卡的工具条。当文件选项卡被打开后，在图形区域上方会显示所有已经打开的图形选项卡。

（3）文件选项卡的右键菜单可以新建、打开或关闭文件，包括可以关闭除所点击文件外的其他所有已打开的文件。用户还可以复制文件的全路径到剪贴板或打开资源管理器并定位到该文件所在的目录。

8. 图层管理增强

图层是以自然排序显示出来的。例如，图层名称现在的排序法是 1、2、4、6、10、21、25，而不像以前的 1、10、2、21、25、4、6。

在图层管理器上新增了合并选择，它可以从图层列表中选择一个或多个图层并将这些图层上的对象合并到另外的图层上去，而被合并的图层将会自动被清理掉。

1.2　AutoCAD 2014 工作空间及经典工作界面

1.2.1　工作空间

工作空间是由分组的菜单、工具栏、选项板和功能区控制面板组成的集合，使用户可以在专门的、面向任务的绘图环境中工作。使用工作空间时，只显示与任务相关的菜单、工具栏和选项板。

1. 切换工作空间

启动 AutoCAD 2014，默认进入"草图与注释"界面，如图 1.1 所示。AutoCAD 2014提供了"草图与注释""三维基础""三维建模"和"AutoCAD 2014经典"4 种工作空间供用户选择。工作空间的切换方法是通过单击界面右下角的"初始设置工作空间"按钮，打开"工作空间"选择菜单，如图 1.2 所示，从中可以选择其他工作空间进行切换；也可以通过执行"工具"→"工作空间"命令或者使用"工作空间"工具栏来切换；还可以在标题栏切换工作空间。

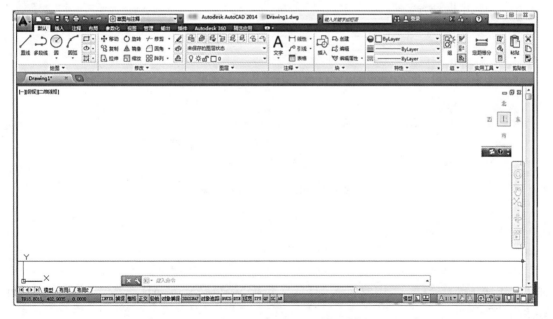

图 1.1　默认工作空间

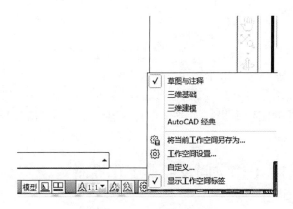

图 1.2　工作空间切换

2. 保存工作空间

　　用户既可以创建自己的工作空间，也可以修改默认的工作空间。如果使用"将当前空间另存为"选项来创建或者修改工作空间，另存为已有的空间名则为修改工作空间，另存为没有的空间名为创建工作空间。如果要进行更多的修改，可通过"自定义"选项，打开"自定义用户界面"对话框，如图 1.3 所示，可以进一步进行界面设置。

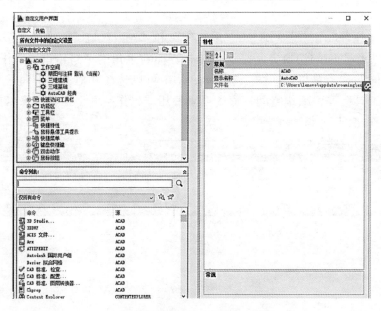

图 1.3　自定义用户界面设置

1.2.2　经典工作界面

　　AutoCAD 虽然提供了 4 种工作空间，但是不同工作空间的本质基本上是一样的，对用户来说无论使用哪种空间，绘图效果是一样的。本书主要以"AutoCAD 经典"工作空间为例介绍该软件的使用。

　　一个完整的 AutoCAD 经典工作界面主要由应用程序按钮、标题栏、菜单栏、文件选项卡、工具栏、绘图区、十字光标、坐标系图标、滚动条、工具选项板、命令行、命令窗口、状态栏等组成，如图 1.4 所示。

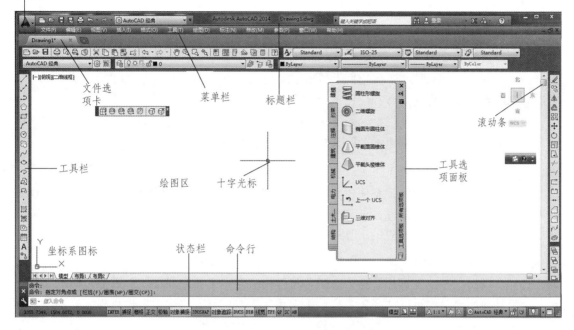

图 1.4　AutoCAD 2014 经典工作界面

1. 应用程序按钮

单击应用程序按钮 ，会出现关于文件的有关操作，该功能与其他应用程序相同，本书不再赘述。在应用程序按钮的下拉菜单中，单击"最近使用的文档"，可以显示最近使用的文档。

2. 标题栏

标题栏位于工作界面的最上方，在标题栏上从左往右依次显示软件的图标、名称、版本级别以及当前图形的文件名称。对于新建图形文件，默认文件名为 drawing1.dwg，数字 1 随着新建数目的增加而增大。标题栏的右侧为应用程序窗口最小化、还原和关闭按钮，可通过单击按钮对窗口进行相关操作和处理。

右键单击标题栏（右端按钮除外），系统将弹出一个对话框，除了具有最小化、最大化或者关闭的功能外，还具有移动、还原、改变 AutoCAD 2014 工作界面大小的功能。

3. 菜单栏

菜单栏位于标题栏的下方，包括"文件（F）""编辑（E）""视图（V）""插入（I）""格式（O）""工具（T）""绘图（D）""标注（N）""修改（M）""参数（P）""窗口（W）"和"帮助（H）"等菜单选项，涵盖了 AutoCAD 2014 全部的功能和命令。

单击任一菜单，屏幕将弹出其下拉菜单。利用下拉菜单可以执行 AutoCAD 2014 的绝大部分命令，下拉菜单中的命令可分为 3 种类型：

（1）右边带有"＞"的命令，表示该命令还有一个次级子菜单。

（2）右边带有"…"的命令，表示选择该命令时将弹出一个对话框。

（3）右边没有任何符号的命令，表示选择该命令可立即执行相应命令。

4. 工具栏

工具栏是执行操作命令的一种快捷方式，包含许多有图标表示的命令按钮，单击其上的命令按钮可执行相应的功能。AutoCAD 2014 提供了众多工具栏，默认状态下，其工作界面只显示了"标准""样式""工作空间""图层""对象特性""绘图"和"修改"7 个工具栏，它们分别放置于菜单栏的下方和绘图窗口的两侧。

如果将鼠标停顿于工具栏上的 ▓ 位置，则显示该工具栏的名称。如果工具栏要复位或移到其他位置，可以单击工具栏上的 ▓ 区域并按住鼠标左键将该工具栏移动到所需要的位置。

1）调用工具栏的方法

在 AutoCAD 绘图中经常要使用不同的工具栏，这样可以加快绘图的速度。调用工具栏的方法是在工具栏上右击鼠标，屏幕上将弹出如图 1.5 所示的工具栏选项面板，单击相应的选项，可以弹出或者关闭相应的工具栏。

2）自定义工具栏的方法

选择"视图"→"工具栏"命令，屏幕将弹出"自定义用户界面"对话框，如图 1.6 所示。在树状导航窗口中可以选择工具栏、菜单等，用右键打开快捷菜单进行相应的自定义用户界面操作，包括自定义工具栏和命令等。

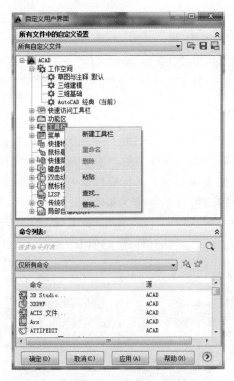

图 1.5　工具栏选项板　　　　图 1.6　"自定义用户界面"对话框

自定义工具栏的方法如下：

① 选择"视图"→"工具栏"命令，打开"自定义用户界面"对话框。

② 在树状窗口中选择"工具栏"，右击，从弹出的快捷菜单中选择"新建工具栏"命令，创建新工具栏并命名。

③ 从"命令列表"中选择相应的命令，拖到树状窗口中新建的工具栏中即可。完成单击"应用"按钮，系统将关闭对话框并自动保存自定义的工具栏。

5. 命令行

命令行位于绘图窗口的下方，主要用来接收用户输入的命令和显示 AutoCAD 2014 系统的提示信息。默认情况下，命令窗口只显示 1 行命令行。查看以前输入的命令或 AutoCAD 2014 系统所提示的信息，可以单击命令窗口的上边缘并向上拖动，或在键盘上按下"F2"快捷键，屏幕上将弹出"AutoCAD 文本窗口"对话框。

注意：AutoCAD 2014 的命令窗口是浮动窗口，可以将其拖到工作界面的任意位置。

6. 状态栏

状态栏位于工作界面的最下边，主要用来显示绘图状态，如图 1.7 所示，有效、灵活使用状态栏，对提高绘图效率和精确作图都会带来很大的帮助和便利。

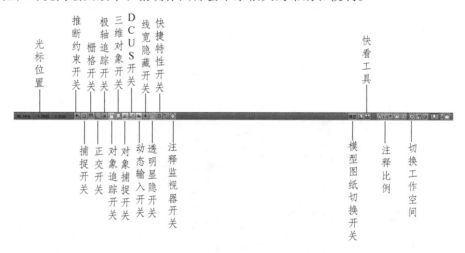

图 1.7　状态栏

1）光标位置

当光标在图形显示窗口区时，该处显示了光标的坐标值，坐标值是针对当前坐标系的。在图形显示窗口区移动光标，可以看到坐标值随光标移动而变化。

2）绘图辅助工具

状态栏中间从"推断约束"到"注释监视器"这一组开关是绘图辅助工具，凹下的按钮表示启用了该辅助工具。其中最重要的辅助工具有 3 个：极轴、对象捕捉和对象追踪，关于它们的具体用法，详见本书后面章节的介绍。

3）模型或图纸工具

该工具用于在模型空间和图纸空间切换，通常情况下，在模型空间进行设计绘图和建模，在图纸空间进行布局出图。

4）图形状态栏

图形状态栏位于状态栏的右侧部分，包括"注释比例""注释可见性"和"自动缩放"3个按钮。单击"注释比例"按钮，在弹出的快捷菜单上可以更改可注释对象的注释比例；单击"注释可见性"按钮，设置显示所有比例的可注释对象；"自动缩放"比例按钮可设置注释比例，更改时自动将比例添加至可注释对象。

5）配置工具

配置工具位于状态栏的右侧部分，包括"切换工作空间""锁定""硬件加速"和"应用程序状态菜单"4个按钮。"锁定"按钮主要是设置工具栏和窗口是处于固定状态还是浮动状态。

6）其他工具

"隔离对象"按钮可选择"暂时隐藏"或者"恢复所有隐藏对象"。选择隐藏对象操作，系统提示选择对象，结果未被选中的对象将被隐藏。

7. 工具选项板

工具选项板提供组织、共享和放置块以及图案填充的有效方法，如图 1.8 所示。工具选项板还可包含第三方开发人员提供的自定义工具。

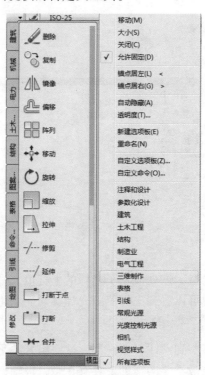

图 1.8　工具选项板

8. 绘图窗口、十字光标、坐标系图标和滚动条

绘图窗口是绘制图形的区域。绘图窗口内有一个十字光标，其随鼠标的移动而移动，它的功能是绘图、选择对象等。光标十字线的长度可以调整，调整的方法如下：

（1）选择"工具"→"选项"下拉菜单（或在命令窗口右击，在弹出的屏幕快捷菜单中选择"选项"），屏幕将弹出"选项"对话框。

（2）选择"显示"选项卡，调整对话框左下角"十字光标大小"窗口的数值（或滑动该窗口右侧的滑块），可以改变十字光标的长度。

绘图窗口的左下角是坐标系图标，主要用来显示当前使用的坐标系及坐标的方向。

滚动条位于绘图窗口的右侧和底边，单击并拖动滚动条，可以使图纸沿着水平或竖直方向移动。

1.3　图形文件的基本操作

建立新的图形文件、打开已有的图形文件、保存现有的图形文件等操作是图形文件管理的常用操作，另外图形文件的基本操作还包括特殊的输出图形文件及加密图形文件等操作。

1.3.1　新建文件

新建文件是用于创建新的图形文件，开始绘制新图。新建文件有以下几种途径：

1. 菜　单

操作方法：文件（F）→新建（N）。

2. 工　具

操作方法：单击工具栏的 ▭ 按钮。

3. 命　令

操作方法：在命令行输入 NEW。

4. 快捷键

操作方法：Ctrl + N。

执行新建文件后，系统会弹出如图 1.9 所示的对话框。

选择某个合适的样板文件，单击打开按钮，即以该样板为基础创建一个新的图形文件。样板文件主要定义了图形的输出布局和标题栏、单位制等。用户也可以创建自己的样板文件。单击"打开"按钮右侧的小三角形按钮，将弹出下拉菜单，用户可以选择采用无样板的公制或者无样板英制新建文件。

1.3.2 打开文件

打开已存在的文件，以便于继续绘图、编辑或进行其他操作。打开文件有以下几种方式：

1. 菜 单

操作方法：文件（F）→打开（O）。

2. 工 具

操作方法：单击工具栏的 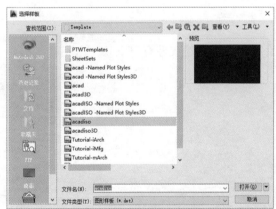 按钮。

3. 命 令

操作方法：在命令行输入 OPEN。

4. 快捷键

操作方法：Ctrl + O。

执行该命令后，系统会弹出如图 1.10 所示的对话框。

图 1.9 "选择样板"对话框　　　　　图 1.10 "打开文件"对话框

单击"查找范围"列表框右侧的小三角形按钮，对话框上将弹出路径列表，选择路径，找到要打开的文件名（此时对话框右上角"预览"窗口将显示该图形），单击"打开"按钮即可打开该图形文件。

AutoCAD 2014 允许同时打开多个图形文件，选择"窗口"菜单命令，从弹出的下拉菜单中选择不同的文件名，则已打开的图形文件可以进行切换。

在该对话框中，可以同时打开多个文件。按住 Ctrl 键可以同时打开多个文件（与 Window 选择文件的操作相同），单击打开按钮即可。

1.3.3 保存文件及加密

图形绘制完成或者在绘图过程中应随时保存图形，以免掉电或者其他情况、意外事情使图形丢失。保存文件有以下几种方式：

1. 菜 单

操作方法：文件（F）→保存（S）或者另存为（A）。

2. 工 具

操作方法：单击工具栏的  按钮。

3. 命 令

操作方法：在命令行输入 SAVE。

4. 快捷键

操作方法：Ctrl + S。

执行该命令后，如果是第一次操作，系统会弹出如图 1.11 所示的对话框，单击"保存于"列表框右侧的小三角形按钮，屏幕上将弹出路径列表，选择保存路径，在"文件名"文本框中输入欲保存图形的文件名，在"文件类型"列表框中选择保存文件的格式（dwg 为"图形"文件，dwt 为"图形模板"文件，dxf 为"图形交换格式"文件），单击"保存"按钮即可保存该图形文件。

如果已经保存了某个图形文件，再次执行保存命令时，系统不进行任何提示，直接将图形文件以当前文件名保存到已保存过的文件夹里。

图 1.11 中的 工具(L) ▾ 提供了"选项""安全选项""添加/修改 FTP 位置"等工具。单击"安全选项"按钮，屏幕上将弹出"安全选项"对话框，如图 1.12 所示，设置用于打开此图形的密码或短语。

图 1.11 "图形保存"对话框

图 1.12 "安全选项"对话框

习 题

1-1 启动 AutoCAD 2014 的方法有哪些?

1-2 AutoCAD 2014 经典工作界面包括哪几个部分?

1-3 怎样"新建""打开""保存"AutoCAD 的文件?

2 基本绘图环境设置

本章主要介绍 AutoCAD 绘制图形之前的一些基本设置，包括绘图单位设置、图形界限的设定、图层的使用和绘图环境的设置等内容，这些设置在基本绘图之前完成，可以提高绘图的效率。要实现精确绘图，必须掌握数据的输入方式。

学习目标：熟悉 AutoCAD 绘图的流程，理解图层的概念，能够熟练使用图层操作命令创建图层，设置图层颜色、线型、线宽等属性，删除图层，并掌握对象特性。

2.1 AutoCAD 绘图流程

AutoCAD 绘图的一般流程：建立一张新图→图纸设置→分析与绘制图形→尺寸标注→存储图形与退出。

1. 建立一张新图

使用 1.3 节中的新建文件的方法建立一个文件，开启新图的绘制。

2. 图纸的设置

设置的内容包括图形尺寸的度量单位及精度、绘图区域的大小、各类线型及其所处的图层、文字样式、尺寸标注样式等。初次绘图时，一般应根据我国现行的机械制图标准，按照 A0 ~ A4 的图幅格式和要求进行相关设置。

3. 分析与绘制图形

分析组成图形的各个几何要素之间的关系，结合几何要素的尺寸数值，确定组成图形的各几何要素的性质，并明确其画法，确定画图顺序。

4. 尺寸与文字的标注

规范合理地标注出图中的尺寸，并标注出必要的文字说明。

5. 存储图形和退出。

使用 1.3 节中的保存文件的方法保存图形，并退出 AutoCAD。

2.2 设置绘图单位

对于任何图形而言，总有其大小以及采用的单位。用户在使用 AutoCAD 绘制图形时，创建的所有图形对象都是根据图形单位进行测量的，所以在开始绘图前，要根据所绘制的图形确定一个图形单位所代表的实际大小。

2.2.1 绘图单位设置的方法

1. 菜　单

操作方法：格式（O）→单位（U）。

2. 命　令

操作方法：在命令行输入 UNITS。

执行命令后弹出如图 2.1 所示的"图形单位"对话框。

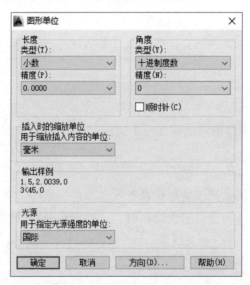

图 2.1 "图形单位"对话框

2.2.2 选项说明

1. 长　度

设置测量单位的当前类型和设置长度值显示的精度，包括"建筑""小数""工程""分数"和"科学"。根据需要选择测量单位，系统默认的是"小数"制，这也是比较常用的一种。

2. 角　度

设置当前角度格式和角度显示的精度，勾选"顺时针"复选框，表示角度测量的正方向为顺时针。系统默认的为逆时针。

3. 插入时的缩放单位

控制插入到当前图形中的块和图形的测量单位。如果块或图形创建时使用的单位与该选项指定的单位不同，则在插入这些块或者图形时，将对其按比例缩放。如果插入块时不按指定单位缩放，则选择"无单位"。

4. 光　源

"光源"选项组控制当前图形中光源强度的测量单位，包括"国际""美国""常规"3 种单位。

2.3　设置图形界限

与手工绘图类似，计算机绘图也要选择图纸的大小，所以在绘图前应先指定一张电子图纸。AutoCAD 2014 的图形显示区可视为一张无穷大的图纸，所以要规划绘图区即设定图限（可以理解为图幅）。设置合理的绘图界限，有利于确定图形绘制的大小、比例和图形之间的距离等。

2.3.1　设置图形界限的方法

1. 菜　单

操作方法：格式（O）→图形界限（I）。

2. 命令行

操作方法：在命令行输入 LIMITS。
在执行了该命令后，命令行提示以下信息：
重新设置模型空间界限：
LIMITS 指定左下角点或[开（ON）关（off）]<0.0000, 0.0000>：系统默认的是 A3 图幅设置。

2.3.2　选项说明

1. 指定左下角点
定义图形界限的左下角点。

2. 指定右上角点

定义图形界限的右上角点。两角点的区域即为图限。

3. 开（ON）

打开图形界限检查。如果打开图形界限检查，系统不接受图限之外的点输入。但对具体情况，检查方式有所不同，如画线，如果有任何一点在图限之外，均无法绘制该线；对圆、文字来说，只要圆心、文字起点在图限内即可。

4．关（OFF）

关闭图形界限检查。

【例 2.1】设置横放 A4 图幅（297×210）的图纸边界。

设置步骤如下：

（1）选择菜单"格式（O）"→"图形界限（I）"；

（2）对应于命令行提示，输入左下角坐标（0，0）和右上角坐标（210，297）；

（3）执行 zoom 命令，选择 A 或者 E 响应。用此命令的目的是使所设置的图幅全屏显示，以便绘图与观察。

2.4 设置图层

用计算机绘图时，常用颜色、线型和线宽等给图线赋予不同的含义，在 AutoCAD 中所绘制的每个对象都具有颜色、线型以及线宽等基本特性，如果采用图层就可方便地管理组织图形。

2.4.1 图层概念

机械图样主要包括粗实线、细实线、点画线、虚线、尺寸以及文字说明等元素，可以把它们放置在不同的图层上。图层相当于图纸绘图中使用的重叠图纸，可理解为透明的且无厚度的薄片，各图层都具有相同的坐标系、图形界限等。通过图层的使用，可以把不同性质的对象放在不同的图层上，如中心线、标注尺寸、注解文字等。可见，图层是来管理这些对象的，不仅能使图形的各种信息清晰、有序，便于观察，而且也会给图形的编辑、修改和输出带来很大的方便。

图层具有以下几个特性：

（1）每个图层都有一个名字。

（2）图层的数量没有限制。

（3）每一层都有确定的线型、颜色和线宽。

（4）同一图层中所有对象都具有相同的状态（可见或者不可见）。

（5）所有图层具有相同的坐标系、绘图界限。用户可以对位于不同图层上的对象同时进行编辑操作。

注意：在一个时刻有且仅有一个图层被设置为当前层。

图层是用户进行绘图时用来组织图形的工具，在绘制图形时，应首先对图层进行设置。按照国家标准绘制工程图时，根据图形内容的不同，采用不同的线型和线宽，它是类似于用叠加的方法来存放图形信息的极为重要的工具。

2.4.2 设置图层

开始绘制新图形时，AutoCAD 会自动创建一个名为 0 的特殊图层。默认情况下，图层 0 将被指定使用 7 号颜色（白色或黑色，由背景色决定）、Continuous 线型、"默认"线宽及 NORMAL 打印样式。

1. 新建图层方法

1）菜 单

操作方法：格式（O）→图层（L）。

2）命 令

操作方法：在命令行输入 LAYER（或 LA）。

3）工具栏

操作方法：点击工具栏上的 按钮。

执行以上 3 种操作中的任何一种，弹出如图 2.2 所示的"图层特性管理器"对话框。

一般在绘图过程中，要使用更多的图层来组织图形，这就需要先创建新图层。在"图层特性管理器"对话框中单击新建图层" "按钮，可以创建一个名称为"图层 1"的新图层。默认情况下，新建图层与当前图层的状态、颜色、线型、线宽等设置相同。在对话框列表显示区中通过单击可修改图层的名称，控制图层的开关、冻结/解冻、锁定/解锁以及设置图层的颜色、线型、线宽、透明度等，如图 2.3 所示。

2. 删除图层

如果某个图层不需要了，可以将其删除。具体方法是：打开"图层特性管理器"对话框，选中要删除的图层，然后点击对话框中的"删除图层"按钮 。

注意：参照图层 0、图层 Defpoints、当前图层、包含对象的图层和依赖外部参照的图层是不能删除的。

图 2.2 "图层特性管理器"对话框

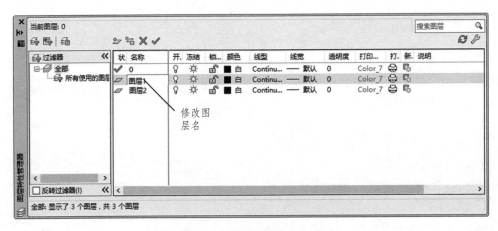

图 2.3 "新建图层"对话框

3. 图层颜色设置

颜色在图形中具有非常重要的作用，可用来表示不同的组件、功能和区域。图层的颜色实际上是图层中图形对象的颜色。每个图层都拥有自己的颜色，对不同的图层可以设置相同的颜色，也可以设置不同的颜色，绘制复杂图形时就可以很容易区分图形的各部分。

设置图层颜色的具体方法：在"图层特性管理器"对话框中，单击图层列表中图层所在行的颜色特性图标，此时系统将打开"选择颜色"对话框，如图 2.4 所示。在"选择颜色"对话框中，可以使用"索引颜色""真彩色"和"配色系统"子选项卡为图层选择颜色。选择好颜色后单击"确定"按钮，完成图层颜色的设置。

图 2.4 "颜色"对话框

4. 图层线宽设置

线宽设置就是改变所属图层对象线条的宽度。在 AutoCAD 中，根据所要表达对象的大小或类型，使用不同宽度的线条，可以提高图形的表达能力和可读性。

我国对工程图样中的图线是有国家标准要求的，标准中规定了 9 种线宽，应按图样的类型和尺寸大小在下列数列中选择：0.13 mm、0.18 mm、0.25 mm、0.35 mm、0.5 mm、0.7 mm、1 mm、1.4 mm、2 mm。工程图样上所用图线的宽度分粗线、中粗线、中线和细线 4 种，它们的宽度之比为 1∶0.7∶0.5∶0.25。一般来说，机械图样上采用粗细两种线宽，其比例关系是 1∶0.5。

改变图层线宽的方法是在"图层特性管理器"对话框的"线宽"列中单击该图层对应的线宽"——默认"，打开"线宽"对话框，如图 2.5 所示，其中有 20 多种线宽可供选择。也可以选择"格式"→"线宽"命令，打开"线宽设置"对话框，如图 2.6 所示。通过调整显示比例，使图形中的线显示得更宽或更窄。

图 2.5 "线宽"对话框

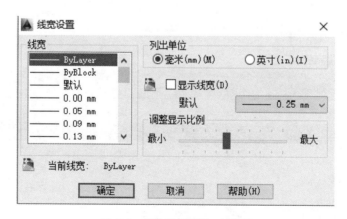

图 2.6 "线宽设置"对话框

5. 图层线型设置

图形是由不同线型组成的。在工程制图中，不同性质的图线需要用不同线型绘制，可见线型的重要性。

在绘制图形时，要使用线型来区分图形元素，这就需要对线型进行设置。在该软件中，系统提供了大量的非连续线型，如虚线、点画线等。默认情况下，图层的线型为 Continuous。要改变线型，可在图层列表中单击"线型"列的 Continuous，打开"选择线型"对话框，设置线型，如图 2.7 所示。

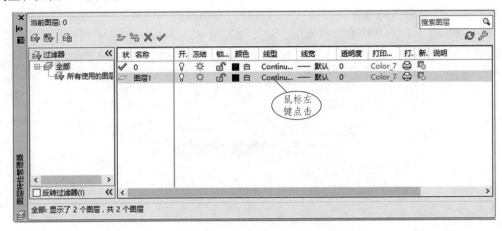

图 2.7 "线型设置"对话框

【例 2.2】设置图层 1 的线型为点画线。

具体步骤如下：

① 按照本节 2.4.2 中的方法打开"图层特性管理器"对话框，如图 2.2 所示。

② 点击新建图层列表中图层所在行的"线型"，弹出如图 2.8 所示的"选择线型"对话框，目前只有一种线型，点击"加载"按钮 ，弹出"加载或重载线型"对话框，如图 2.9 所示，该对话框包含了 AutoCAD 线库文件中的所有线型，选定所需线型 ACAD_IS004W100 后，单击"确定"按钮，返回"选择线型"对话框，此时在"选择线型"对话框中即显示了新加载的线型，如图 2.10 所示。

③ 线型设置完成，如图 2.11 所示。

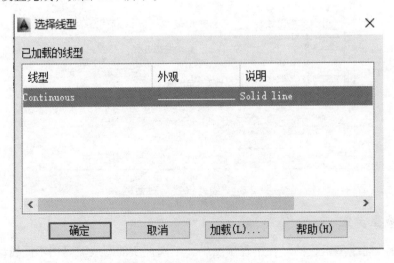

图 2.8 "选择线型"对话框

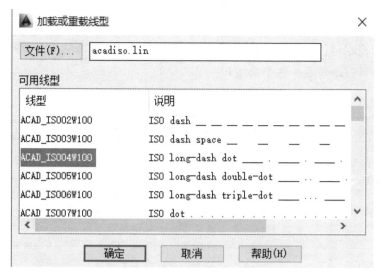

图 2.9 "加载或重载线型"对话框

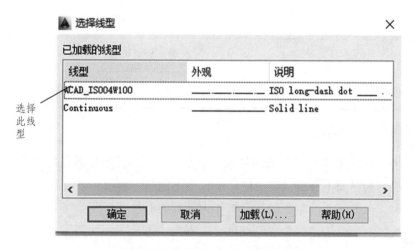

图 2.10 "线型"加载对话框

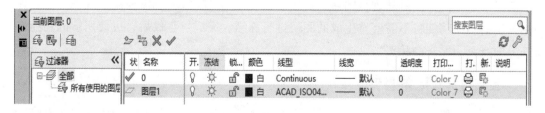

图 2.11 图层设置

2.3.3 图层控制

图层状态的控制包括控制图层开/关状态、控制图层冻结/解冻状态、控制图层锁定/解锁状态、控制图层可打印性等。各个功能开关见表2.1。

表2.1 图层开关控制功能

图层状态	图标	功　能
关	💡	关闭的图层上对象不会显示在绘图区中，也不能打印输出
开	💡	打开关闭的图层，将重画该图层的图形。默认状态图层为开启
冻结	❄	图层上的内容全部隐藏，不可被编辑和打印，当前图层不能被冻结
解冻	☼	解冻图层时将重生成该图层的对象
锁定	🔒	图层上的内容可见并能够捕捉或绘图，但无法编辑和修改
解锁	🔓	对象可以再编辑
禁打	🖨	该图层上的对象将不可打印
新视口冻结	🖼	将在所有新创建的布局视口中限制显示

1. 控制图层开/关状态

控制图层的开/关状态即是指设定图层的开启或关闭，系统默认是将图层置于开启状态，被关闭的图层上的对象不会显示在绘图区中，也不能打印输出。但在执行某些特殊命令需要重生成视图时，该图层上的对象仍然会被作为计算的对象。

2. 控制图层冻结/解冻状态

冻结图层有利于减少系统重生成图形的时间，冻结的图层不参与重生成计算，且不显示在绘图区中，用户不能对其进行编辑。若用户绘制的图形较大，且需要重生成图形时，即可使用图层的冻结功能将不需要重生成的图层进行冻结，完成重生成后，可使用解冻功能将其解冻，即恢复为原来的状态。

3. 控制图层锁定/解锁状态

当用户在编辑特定的图形对象时，若需参照某些对象，但又担心会因为误操作删除了某个对象，这时可使用图层的锁定功能。锁定图层后，该层上的对象不可编辑，但仍然会显示在绘图区中，这时即可方便地编辑其他图层上的对象。

4. 控制图层可打印性

当用户在输出整个图形时，若不希望输出某个图层上的对象时，可将该图层设为不可打印状态。

2.3.4 图层管理

在 AutoCAD 中，使用"图层特性管理器"对话框不仅可以创建图层，设置图层的颜色、线型和线宽，还可以对图层进行更多的设置与管理，如图层的切换、重命名、删除及图层的显示控制等。

使用图层绘制图形时，新对象的各种特性将默认为随层，由当前图层的默认设置决定。也可以单独设置对象的特性，新设置的特性将覆盖原来随层的特性。

1. 切换当前层

若要在某个图层上创建具有该图层特性的对象，则首先应将该图层置为当前层。在 AutoCAD 中有如下几种设置当前图层的方法：

① 在"图层特性管理器"对话框的图层列表中，选择某一图层后，单击 ✔ 按钮，即可将该层设置为当前层。

② 在"图层特性管理器"对话框中选中需置为当前的图层，单击鼠标右键，在弹出的快捷菜单中选择"置为当前"命令。

③ 在"图层特性管理器"对话框中直接双击需要置为当前层的图层。

在实际绘图时，为了便于操作，主要通过"图层"工具栏和"对象特性"工具栏来实现图层切换，这时只需选择要将其设置为当前层的图层名称即可。此外，"图层"工具栏和"对象特性"工具栏中的主要选项与"图层特性管理器"对话框中的内容相对应，因此也可以用来设置与管理图层特性。

④ 当用户退出"图层特性管理器"对话框后，可在"图层"工具栏的图层下拉列表框中选择所需的图层，如图 2.12 所示。单击"图层"工具栏中的 按钮，可将当前选中的对象所在的图层置为当前图层；单击 按钮，可快速将前一个图层置为当前图层。

图 2.12　"图层"工具栏

2. 使用图层工具管理图层

AutoCAD 2014 中新增了图层管理工具，利用该功能，用户可以更加方便地管理图层。选择"格式"→"图层工具"命令中的子命令，就可以通过图层工具来管理图层，如图 2.13 所示。

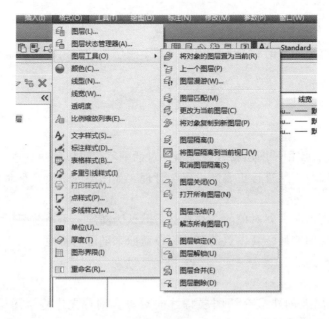

图 2.13　图层工具

2.5　绘图辅助工具

当在屏幕上绘制图形对象或编辑对象时，需要在屏幕上指定一些点，定点最快的方法是在屏幕上直接拾取点，但是这样却不能精确地指定点。精确定点的最直接的方法是输入点的坐标值，但这样却不简捷快速，并且可能需要大量烦琐的计算后才能得到点的坐标值。为了解决精确、快速定点问题，使绘图及设计工作简便易行，AutoCAD 提供了栅格（GRID）、捕捉（SNAP）、正交（ORTHO）、极轴、对象捕捉（OSNAP）、对象追踪及推断约束等多个绘图工具，这些绘图工具有助于在快速绘图的同时保证最高的精度，甚至在启用推断约束工具后所绘制的图形在编辑过程中依然保持几何关系，这些都使绘图过程更为简单易行。

2.5.1　捕捉与栅格

捕捉和栅格提供了一种精确绘图工具。栅格是在屏幕上可以显示出来的具有指定间距的点。正如坐标纸一样，其本身不是图形的组成部分，不会被打印出来。栅格的间距不要太小，否则将导致图形模糊及屏幕重画太慢，甚至无法显示栅格。通过捕捉可以将屏幕上的拾取点锁定在特定的位置上，而这些位置隐藏了间隔捕捉点。栅格所显示出来的栅格线只是给绘图者提供一种参考，本身不是图形的组成部分，也不会被输出。栅格设置太密时，在屏幕中显示不出来，此时，可以设定捕捉点为栅格点。

1. 捕捉与栅格设置

1）菜　单

操作方法：工具（T）→绘图设置（F）。

2）快捷方式

操作方法：鼠标右键点击状态栏的 ▭▦ 图标中的任意一个→"设置（S）"。

3）命　令

操作方法：在命令行输入 DSETTINGS。

执行该命令后，系统弹出如图 2.14 所示的"草图设置"对话框，其中第一个选项卡就是"捕捉和栅格"选项卡。"启用捕捉"用于打开捕捉功能；"启用栅格"用于打开栅格功能。

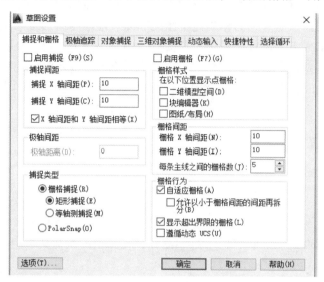

图 2.14　"草图设置"对话框的捕捉和栅格

2. 对话框的选项说明

1）启用捕捉

打开捕捉功能或者采用"F9"键可以实现该功能。

2）"捕捉"区

捕捉 x 轴间距是设定捕捉在 x 方向上的间距；捕捉 y 轴间距是设定捕捉在 y 方向上的间距；x 轴和 y 轴间距相等是设定两个间距相等。

3）启用栅格

打开栅格显示或者采用"F7"键可以实现该功能。

4）栅格间距

栅格 x 轴间距是设定栅格在 x 方向的间距；栅格 y 轴间距是设定栅格在 y 方向的间距。

5）极轴间距

极轴间距设定在极轴捕捉模式下的极轴间距。选定"捕捉类型"为"极轴捕捉（ PolarSnap ）"时该选项可以设置。如果该选项为 0，则"极轴捕捉"距离采用"捕捉 x 轴间距"的值。

6）捕捉类型

栅格捕捉是设定成栅格捕捉，分为矩形捕捉和等轴测捕捉两种方式。矩形捕捉是 x 轴和

y轴成直角的捕捉方式，等轴测捕捉是设定成正等轴测捕捉方式。

2.5.2 对象捕捉与对象捕捉追踪

工程设计绘图中，绘制图形各组成元素之间一般不是孤立的，而是相互关联的。它们之间有严格的形状、位置和几何关系。AutoCAD 提供了捕捉几何对象特征点的功能，称为对象捕捉。这些特征点包括直线及圆弧的端点和中点、圆和圆弧的圆心和象限点、切点、垂足、等分点、文本和块的插入点等，为精确定位图元和高效地绘制图形带来了极大的方便。

不论何时提示输入点，都可以指定对象捕捉。例如，当需要用一个圆的圆心作为直线的端点时，只需在回答系统"指定起点"或"指定下一个点"提示时，使用捕捉圆心的对象捕捉模式单击圆周，AutocAD 就会自动捕捉到该圆的圆心，作为画直线的端点。以此类推，几乎所有的图形中，都会频繁涉及对象捕捉和对象捕捉追踪。

1. 对象捕捉设置

1）菜　单
操作方法：工具（T）→绘图设置（F）。

2）快捷方式
操作方法：鼠标右键点击状态栏中的▢图标，在弹出的快捷菜单栏中选择"设置"。

3）命　令
操作方法：在命令行中输入 DSETTINGS、OSNAP。

执行该命令后，系统弹出如图 2.14 所示的"草图设置"对话框，点击第三个选项卡"对象捕捉"弹出如图 2.15 所示的对话框。

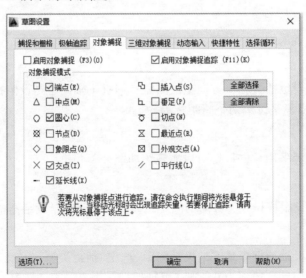

图 2.15　"对象捕捉"对话框

对象捕捉模式的含义如表 2.2 所示。

表 2.2　对象捕捉模式含义

对象捕捉模式	符号	功　能
端点	E	捕捉直线、圆弧、多段线、填充直线、填充多边形等的端点，拾取点靠近哪个端点，即捕捉哪个端点
中点	M	用于捕捉直线、圆弧、椭圆弧、多线、多段线、构造线、样条线或实体边的中点
圆心	C	用于捕捉圆、圆弧、椭圆或椭圆弧的中心。捕捉圆心时，将靶框光标放在这些对象的弧线上
节点	D	用于捕捉等分点、尺寸的定义点等
插入点	S	用于捕捉块、形、文字、属性定义的插入点
象限点	Q	用于捕捉圆、圆弧、椭圆或椭圆弧最近的象限点
交点	I	用于捕捉直线、圆、圆弧、椭圆、椭圆弧、多线、多段线、样条曲线或构造线的交点。也可捕捉块中直线的交点
延长线	X	捕捉延长线直线和圆弧
垂足	P	捕捉到各种图形的正交的点，也可以捕捉到对象的外观延伸垂足
切点	T	捕捉与圆、圆弧、椭圆相切的点
最近点	N	捕捉该对象上和拾取点最靠近的点
平行线	L	绘制直线段时应用"平行线"捕捉

2. 设置单一对象捕捉的方法

设置对象捕捉方式有以下几种方法：

（1）按钮：右击状态栏中的 ▦ 按钮，在菜单栏中可出现对象捕捉各个选项，左击选项即可选中。

（2）快捷菜单：在绘图区，通过 Shift + 鼠标右键或者 Ctrl + 鼠标右键执行即可。

弹出如图 2.16 所示的快捷菜单。

3. 极轴追踪

利用极轴追踪可以在设定极轴的角度上提示精确移动光标。极轴追踪提供了一种拾取特殊角度点的方法。设置的方法如下：

（1）命令：DSETTINGS。

（2）菜单：工具→草图设置。

（3）状态栏：右击 ⟲ 按钮，选择快捷菜单中的"设置"来进行设置。

设置极轴追踪模式后必须打开极轴追踪功能，才能在绘图过程中进行极轴追踪。

图 2.16　设置对象捕捉的快捷菜单

2.5.3 正交模式

在实际绘图中，多数的直线是水平或者垂直的。使用"正交"模式创建或移动对象时，可以将光标限制在水平或者垂直的轴上。

1. 正交方式设置方法

（1）命令：ORTHO。

（2）状态栏：右击 ⌐ 选择开启或者关闭。

2. 使用正交模式时应注意的问题

（1）当正交模式打开移动光标时，定义唯一的拖引线沿着水平还是垂直轴移动，取决于光标离得最近的那个轴。

（2）正交模式绘图光标不移动，只限制在水平或者垂直轴上。这取决于当前的捕捉角度UCS的轴向或等侧轴栅格和捕捉设置。

（3）正交模式的开关，不影响坐标点的输入。

2.5.4 动态输入

动态输入提供一种在鼠标指针位置附近显示命令提示后，输入数据或选项的模式。打开或关闭动态输入模式用"动态输入"按钮 ⌶ 或者快捷键 F12。如果右击该功能按钮，并选择"设置"，打开"动态输入"对话框，如图 2.17 所示，可以进行选择。该选项卡包括了指针输入和标注输入两种动态输入。

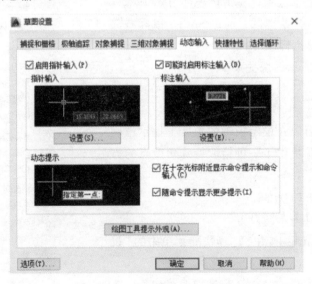

图 2.17 "动态输入"对话框

2.6 对象特性

图形对象的特性，包括图形的尺寸位置等几何特性，也包括图形对象的图层、颜色、线型、线宽等基本特性。这些特性可以进行设置，也可以在"特性设置"对话框里进行修改和查看。

2.6.1 修改图形对象特性

1. 命令启动方法

（1）菜单栏：修改（M）→特性（P）。
（2）命令行：PROPERTIES。
（3）工具栏：单击"标准"工具栏上的"特性"工具按钮 ▣。

2. 说 明

命令执行后，打开如图 2.18 所示"对象特性"窗口。在特性窗口中显示出所选图形对象的基本特性和几何特性，可根据需要进行修改。对话框中各选项说明如下：

① "无选择"：该下拉列表框中，显示所选中图形对象的名称。
② "快速选择"按钮 ▣：打开快速选择对话框，快速选择对象。
③ "选择对象"按钮 ▣：此按钮可以重新选择其他对象。

图 2.18 "对象特性"窗口

2.6.2 匹配图形对象特性

图形对象特性匹配是一个使用非常方便的编辑工具，它对编辑同类对象非常有用。它是将源对象的特性，包括颜色、图层、线型、线型比例等，全部赋给目标对象。

1. 命令启动方法

（1）菜单栏：修改（M）→特性匹配（M）。
（2）命令符：MATCHPROP。
（3）工具栏：单击"标准"工具栏上的"特性匹配"按钮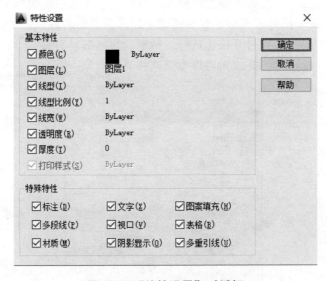。

2. 说　明

命令执行后在命令行提示如下信息：选择源对象即选择具备需复制特性的源对象，包括源对象的颜色、图层、线型、线型比例、宽度、标注、文字等。然后再选择目标对象，单击鼠标右键结束命令。

如果选择"设置（S）"，打开"特性设置"对话框，如图 2.19 所示，可对要复制的特性进行设置。

图 2.19　"特性设置"对话框

习　题

2-1　设置图形界限为 A3 纸张的大小。

2-2　打开一个已有的图形文件，进行对象的选择操作。

2-3　按照表 2.3 建立工程制图时用的图层。

表 2.3　图层设置

序号	图层名称	颜　色	线　型	线宽/ mm
1	粗实线层	白	Continuous	0.5
2	细实线层	洋红	Continuous	0.25
3	虚线层	黄	Hidden	0.25
4	中心线层	红	Center2	0.25
5	剖面线层	青	Continuous	0.25
6	标注层	绿	Continuous	0.25

2-4　切换图层状态，并观察其作用。

2-5　将 2-3 题的"中心线层"设定为当前图层；设定"尺寸线层"为关闭或冻解层；设定"剖面线层"为不打印层。

3 绘制基本二维图形

本章主要介绍 AutoCAD 中二维平面图形的绘制命令，包括点、线、直线类图形以及曲线类图形的绘制等。由于复杂的二维平面图形均是由这些基本的图形组合而成的，掌握这些基本图形的绘制是 AutoCAD 绘图的基础。

学习目标：掌握基本的绘图工具、绘图方法、绘图步骤。熟练使用捕捉、栅格、正交定位图形，并使用对象捕捉、极轴、对象追踪辅助绘图。

3.1 坐标系的表达

点的坐标是图形数据的最基本构成，只要绘图就会有位置坐标。AutoCAD 提供了多种坐标表示形式，分别是直角坐标、极坐标、柱坐标和球坐标。平面图形只需用到直角坐标和极坐标。

3.1.1 直角坐标

直角坐标系属于笛卡儿坐标系，默认状态 X 轴是水平放置，向右为正；Y 轴是垂直放置，向上为正；Z 轴垂直于绘图平面，指向用户为正（右手法则），其坐标系的原点位于图形显示窗口的左下角（有一个"口"标识）。标识"口"坐标轴定义了世界坐标系，缩写为 WCS。AutoCAD 中也定义了用户坐标系，缩写为 UCS，坐标原点可以根据需要改变，坐标轴的方向也可以根据需要改变，但是 3 个坐标轴之间必须满足相互垂直和右手法则。在绘制二维图形时，Z 坐标值可省略。

1. 绝对直角坐标

绝对直角坐标系是指相对于原点的坐标系。用户绘制和定位图形时，可以通过输入点的坐标来解决问题。如果点的坐标是相对于坐标系坐标原点的坐标，称为绝对直角坐标输入。

当需要使用绝对直角坐标值指定点的坐标时，输入样式为（X，Y）。

2. 相对直角坐标

在定位点的位置时，如果点的坐标是相对于当前坐标系中前一点而变化的坐标，称为相对直角坐标。输入的样式：首先要输入"@"，然后依次输入 X、Y 相对坐标，即（@Δx，Δy）。其中，Δx 为点相对于前一个点在 X 轴方向的坐标变化值，Δy 为点相对于前一个点在 Y 轴方向的坐标变化值。

【例 3.1】绘制一条起点为（20，15），终点为（50，50）的直线，用绝对直角坐标和相对直角坐标输入。

（1）绝对直角坐标：

命令：LINE

指定第一个点：20,15

指定下一个点或[放弃（U）]：50,50

执行上述命令后，绘制一条直线。

（2）相对直角坐标：

命令：LINE

指定第一个点：20,15

指定下一个点或[放弃（U）]：@30,35

执行上述命令后，绘制一条和绝对直角坐标一样的直线。

3.1.2 极坐标

1. 绝对极坐标

点的绝对极坐标用点的极半径和极角表示。极半径指点到坐标原点的距离；极角是指 X 轴的正方向线与从原点到该点的连线之间的夹角，逆时针为正，顺时针为负。

输入方法：依次输入极半径、"<"和极角值（按角度值度量）。如"44<30"表示该点与原点之间的距离为 44 个单位，X 轴正方向线与从原点到该点的连线之间的夹角为 30°。

2. 相对极坐标

点的相对极坐标也用点的极半径和极角表示，但其极半径是指该点与上一输入点之间的距离（不是与原点之间的距离），其极角是指 X 轴正方向线与从上一输入点到该点之间的连线之间的夹角，逆时针为正，顺时针为负。

输入方法：依次输入"@"、极半径、"<"、极角值（按角度值度量）。如"@32<60"表示该点与上一输入点之间的距离为 32 个单位，X 轴正方向线与从上一输入点（44<30）到该点的连线之间的夹角为 60°。

【例 3.2】用相对极坐标输入法绘制直线 AB，见图 3.1。

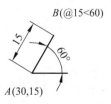

图 3.1 相对极坐标输入法

命令：LINE

指定第一个点：30,15（绝对直角坐标输入法确定 A）

指定下一个点或[放弃（U）]：@15<60（用相对极坐标输入法确定 B 点）

指定下一点或[放弃（U）]：按"Enter"键结束命令。

执行上述命令后，绘制一条直线。

在实际绘图过程中，输入坐标的方式不是唯一的，可单独采用一种方式，也可几种方式组合使用，应根据实际情况灵活应用。另外，配合对象捕捉、对象追踪、夹点编辑等方法，则可使绘图与编辑更方便、更快捷。

3.2 绘制线

线是最常见的二维基本图形元素。AutoCAD 中的线包括直线、射线、构造线、多段线等。

3.2.1 绘制直线

两点间连线构成一条直线段。确定两点位置，即可确定出直线段的大小和位置。如要精确定位直线段两端点位置，可用绝对坐标或相对坐标输入端点的坐标值，也可通过对象捕捉的方法确定端点位置，还可通过栅格捕捉的方法捕捉位置。

1. 直线命令的启动方法

（1）菜单栏：绘图（D）→直线（L）。

（2）工具栏：点击绘图工具栏上的按钮▱。

（3）命令行：输入 line。

2. 选项说明

命令启动后，执行过程如下：

命令：_line

指定第一个点：

LINE 指定第一点：

指定下一点或[放弃（U）]：

指定下一点或[闭合（C）/放弃（U）]：

命令执行过程中各选项的含义如下：

放弃（U）：放弃前一个点的位置确定，重新确定点的位置。

闭合（C）：从输入第 3 个点开始，命令行会提示"闭合（C）"选项，是将当前点与开始此直线绘制命令的第一点进行首尾连接，形成一个封闭的图形，并结束此直线的绘制。

注意：在 AutoCAD 中，命令操作是根据命令行的提示进行操作。命令执行的是命令行的提示，如果在命令提示后有"[ ]"括起来的选项，则此命令执行过程中有可选项，当选择某一选项时，只需在命令行提示后输入该选项小括号中的字母即可。

【例 3.3】使用直线命令绘制如图 3.2 所示的图形。

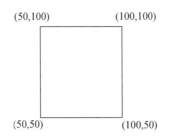

(50,100)　　　　　　　(100,100)

(50,50)　　　　　　　　(100,50)

图 3.2　直线命令

命令：（输入命令 LINE）或者点击图标按钮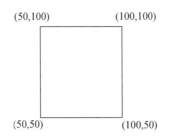

LINE 指定第一点：50，50↙（指定起点）

指定下一点或[放弃（U）]：100，50↙（指定下一点）

指定下一点或[放弃（U）]：100，100↙（指定下一点）

指定下一点或[闭合（C）/放弃（U）]：50，100↙（指定下一点）

指定下一点或[闭合（C）/放弃（U）]：C↙（闭合）

注意：用 LINE 命令绘制直线时，除了用上述绝对直角坐标外，还可以用相对坐标或者几种坐标输入方式的组合来绘制。

3.2.2　绘制射线

射线是只有一端固定，一端无限长的直线。这类直线通常是作为辅助线使用。

1. 命令的启动方法

（1）菜单栏：绘图（D）→射线（R）。

（2）命令行：输入 RAY。

2. 选项说明

命令启动后，执行过程如下：

命令：_ray

指定起点：

指定通过点：

指定通过点：（指定另一通过点再画一条射线或按回车键结束）

3.2.3　绘制构造线

构造线是一条两个方向都无限延伸的无穷长直线，也称为参照线，这类直线通常作为辅助线。

1. 命令的启动方法

（1）菜单栏：绘图（D）→构造线（T）。

（2）工具栏：点击绘图工具栏上的按钮 。

（3）命令行：Xline。

2. 选项说明

（1）命令启动后，执行过程如下：

命令：_xline

指定点或者[水平（H）/垂直（V）/角度（A）/二等分（B）/偏移（O）]：（指定起点）

指定通过点：（指定通过点画出一条直线）

指定通过点：（指定另一通过点再画一条直线或按回车键结束）

（2）命令执行过程中各选项的含义：

水平（H）：画一条或一组通过指定点并平行于 X 轴的无穷长直线。

垂直（V）：画一条或一组通过指定点并平行于 Y 轴的无穷长直线。

角度（A）：画一条或一组指定角度的无穷长直线。

二等分（B）：绘制选定的角平分线。

偏移（O）：选择一条任意方向的直线来画一条或一组与所选直线平行的无穷长直线。

注意：构造线仅用作辅助线，最好将其集中画在某一个图层上，将来输出图形时，可将该图层关闭不输出即可。用构造线命令绘制的辅助线可以用修剪、旋转等编辑命令进行编辑。但一次修剪命令仅修剪其一端，使其变为射线，在另一端再一次修剪才能将其修剪成一般直线。

3.2.4 绘制多段线

多段线也称多义线或复合线，它由若干连续的直线、圆弧或者两者的组合线段等组成。多段线是作为单个对象存在的，在机械工程图纸中多段线常用来绘制材料、剖面线和结构图中的桁架等。

1. 命令的启动方法

（1）菜单栏：绘图（D）→多段线（P）。

（2）工具栏：点击绘图工具栏上的按钮 。

（3）命令行：Pline。

2. 选项说明

（1）命令启动后，执行过程如下：

命令：_pline

指定起点：

当前线宽为 0.000

指定下一个点或 [圆弧（A）/半宽（H）/长度（L）/放弃（U）/宽度（W）]：

指定下一点或 [圆弧（A）/闭合（C）/半宽（H）/长度（L）/放弃（U）/宽度（W）]：

（2）命令执行过程中各选项的含义：

指定下一点（缺省项）：所指定点是直线的另一个端点，指定点后仍出现直线方式提示行，可继续指定点按当前线宽画直线，或选择其他选项，或按回车键结束命令。

闭合（C）：将多段线首尾相连形成封闭图形，并结束命令。

宽度（W）：设置多段线的宽度。可根据提示分别设置起点线宽和终点宽度。如果设置起点线宽和终点线宽相同，则画等宽线；如果设置起点线宽和终点线宽不同，所画第一条线为不等宽线，如果继续画线并不再设置线宽，则后续线段将按第一条线段终点线宽画等宽线。

半宽（H）：按线宽的一半指定当前线宽。

放弃（U）：取消刚画的那段多段线。

长度（L）：可输入一个长度值，按指定长度延长上一条直线。

圆弧（A）：使多段线命令转为画圆弧方式。

选择"A"选项后，出现圆弧方式提示行：

指定圆弧的端点或[角度（A）/圆心（CE）/闭合（C）/方向（D）/半宽（H）/直线（L）/半径（R）/第二点（S）/放弃（U）/宽度（W）]：（指定端点或选择选项）

圆弧方式提示行中各选项含义如下：

指定圆弧的端点（缺省项）：指定圆弧的终点。该圆弧，其起点为上一段线的终点，并在上一段线终点处与上一段线相切。

圆心（CE）：指定所画圆弧的圆心。

半径（R）：指定所画圆弧的半径。

第二点（S）：指定按三点方式画圆弧的第2点。

方向（D）：指定所画圆弧起点的切线方向。

直线（L）：返回画直线方式，并出现直线方式提示行。

其他选项含义与直线方式提示行中含义相同。

注意：多段线是一个整体，必须采用PEDIT命令才能编辑修改。

3.3　绘制点

点是组成线、面甚至几何图形的基本元素，所以"点"的输入是最基本的绘图命令。

3.3.1　设置点样式

在 AutoCAD 默认状态下绘制点图形，在绘图区将显示一个小圆点，若与直线等图形重合在一起，则无法看到点的位置。但为了显示的需要，AutoCAD 提供了多种点样式（共 20种，见图 3.3）供选择。在执行画点命令之前，应先设定点的样式。

1. 命令的启动方法

（1）菜单栏：格式（O）→点样式...（P）。

（2）命令行：DDPTYPE。

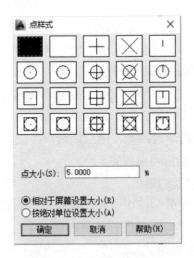

图 3.3　"点样式"对话框

2. 操作步骤

（1）单击图 3.3 对话框上部点的样式形状图例来设置点的形状。

（2）在"点大小"文字编辑框中指定所画点的大小。

（3）在"相对于屏幕设置尺寸"和"用绝对单位设置尺寸"中，选择"用绝对单位设置尺寸"按钮确定点的尺寸方式。

（4）单击"确定"按钮完成点样式设置。

设置了所需的点样式后，就可以绘制点。

绘点命令包括绘制单点、多点、定数等分点和定距等分点命令。

3.3.2　绘制单点或者多点

1. 命令的启动方法

（1）菜单栏：绘图（D）→点（P）→单点（S）/多点（P）。

（2）工具栏：点击绘图工具栏上的按钮 。

（3）命令行：POINT。

输入绘制点命令后，可根据提示进行操作。

2. 命令执行与选项说明

命令启动后，执行过程如下：

命令：_point

当前点模式：PDMODE = 0　　PDSIZE = 0.0000

指定点：（输入点坐标或者直接单击屏幕）

该提示信息中的 PDMODE 变量控制点的样式。PDSIZE 变量控制点的大小。当值为 0 时，点的大小为屏幕大小的 5%。可在"点样式"对话框中更改点的样式和大小。

3.3.3 绘制等分点

1. 命令的启动方法

（1）菜单栏：绘图（D）→点（P）→定数等分（D）。
（2）命令行：DIVIDE。

2. 命令执行与选项说明

命令启动后，执行过程如下：
命令：_divide
选择要定数等分的对象：
输入线段数目或 [块（B）]：
需要 2 和 32767 之间的整数，或选项关键字。

3.3.4 绘制等距点

将指定的对象按照指定的长度进行等分或在等分点上插入块。

1. 命令的启动方法

（1）菜单栏：绘图（D）→点（P）→定距等分（M）。
（2）命令行：MEASURE。

2. 命令执行与选项说明

命令启动后，执行过程如下：
命令：_measure
选择要定距等分的对象：
指定线段长度或[块（B）]：
（1）"定数等分"和"定距等分"命令操作过程中都有一个"块（B）"选项，它可以在插入点的位置上插入一个事先定义好的块。关于块的概念和操作将在第 5 章介绍。
（2）在"定距等分"选择要定距等分的对象时，光标拾取对象的端点不同，将影响定距等分效果，定距等分是从靠近拾取点的一端开始进行定距等分操作的。

3.4 绘制矩形和正多边形

3.4.1 绘制矩形

矩形的大小和位置由构成矩形的一组对角点来确定。绘制矩形时，需要确定矩形的一组对角点的位置。

1. 命令的启动方法

（1）菜单栏：绘图（D）→矩形（G）。

（2）工具栏：点击绘图工具栏上的按钮□。

（3）命令行：RECTANG（REC）。

2. 命令执行与选项说明

命令启动后，提示如下信息：

命令：_rectang

指定第一个角点或 [倒角（C）/标高（E）/圆角（F）/厚度（T）/宽度（W）]：

指定另一个角点或 [面积（A）/尺寸（D）/旋转（R）]：

各参数的含义如下：

（1）倒角（C）：该选项将按指定的切角距离，画出一个四角带有相同斜角的矩形，如图 3.4（b）所示。

（2）标高（E）：设置 3D 矩形离地平面的高度（在三维绘图中应用）。

（3）圆角（F）：该选项将按指定的圆角半径，画出一个四角带有相同圆角的矩形，如图 3.4（c）所示。

（4）厚度（T）：设置矩形的 3D 厚度（在三维绘图中应用）。

（5）宽度（W）：重新指定绘制矩形的线宽。

（6）面积（A）：指定矩形的面积和长或者矩形面积和宽来绘制矩形。

（7）尺寸（D）：直接输入矩形的长度和宽度，然后用光标在图形中指定矩形另一个角点的方向即可。

（8）旋转（R）：指定旋转角度后，系统会按照指定角度绘制矩形。

（a）一般矩形　　　（b）倒角矩形　　　（c）圆角矩形

图 3.4　常见的矩形

【例 3.4】绘制如图 3.5 所示的图形。

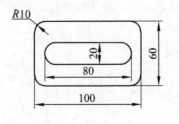

图 3.5　例题图形

命令：_rectang

指定第一个角点或 [倒角（C）/标高（E）/圆角（F）/厚度（T）/宽度（W）]：f

指定矩形的圆角半径<0.0000>：10

指定第一个角点或 [倒角（C）/标高（E）/圆角（F）/厚度（T）/宽度（W）]：
需要点或选项关键字。

指定第一个角点或 [倒角（C）/标高（E）/圆角（F）/厚度（T）/宽度（W）]：

指定另一个角点或 [面积（A）/尺寸（D）/旋转（R）]：d

指定矩形的长度<10.0000>：100

指定矩形的宽度<10.0000>：60

3.4.2　绘制正多边形

可按指定方式绘制 3～1 024 条边的正多边形。

1. 命令的启动方法

（1）菜单栏：绘图（D）→正多变形（Y）。

（2）工具栏：点击绘图工具栏上的按钮 ⬠。

（3）命令行：POLYGON（POL）。

2. 命令执行过程

命令启动后，提示如下信息：

命令：Polygon 输入边的数目<4>：

指定正多边形的中心点或[边（E）]：

输入选项[内接于圆（I）/外切于圆（C）]：

指定圆的半径：

各参数的含义如下：

（1）边（E）：通过指定正多边形边长的方式来绘制正多边形，适用于已知一直线并将其作为拟画正多边形的一条边时，或已知两点并将其作为拟画正多边形的顶点时。直线两端点（或两顶点）的位置相同，但选择顺序不同，则绘制正多边形的效果不相同。

（2）内接于圆（I）：以指定多边形外接圆半径的方式来绘制正多边形。

（3）外切于圆（C）：以指定多边形内切圆半径的方式来绘制正多边形。

注意：用"I"和"C"方式绘制正多边形时圆并不画出，圆只是作为画正多边形的参考条件。

3.5　绘制曲线

一般平面图形由直线和曲线组成，而且越复杂的图形曲线也越多，所以绘制曲线图形是使用 AutoCAD 绘图的必备基础。曲线图形主要包括圆与圆弧、椭圆和样条曲线等。

3.5.1 绘制圆

圆是常见的图元之一，AutoCAD 提供了如图 3.6 所示的 6 种绘圆的方式，绘制圆时可以根据需要选择其中的一种。

图 3.6 6 种绘圆的方式

1. 命令的启动方法

（1）菜单栏：绘图（D）→圆（C）→选择一种绘圆方式。
（2）工具栏：点击绘图工具栏上的按钮⊙。
（3）命令行：CIRCLE。

2. 绘圆方式

（1）圆心和半径：指定圆心和半径画圆，与手工圆规作图类似。
（2）圆心、直径：指定圆心和直径画圆。
（3）两点：以给定的两点之间的距离为直径，并过两点画圆。
（4）三点（3P）：过给定的三个点画圆。
（5）相切、相切、半径（T）：与已知的两个对象相切，以给定的半径画圆。
（6）相切、相切、相切（A）：与三个对象都相切画圆，实际上是三点方式，只不过此时的三点为已知对象上的三个切点，系统自动捕捉对象的切点。
6 种方式执行的结果如图 3.7 所示。

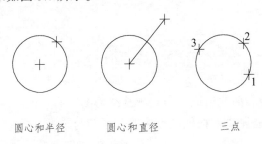

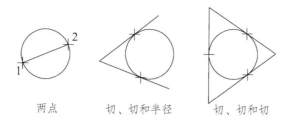

两点　　　　切、切和半径　　　切、切和切

图 3.7　6 种绘圆方式图例

3. 命令的执行过程

命令：_circle

指定圆的圆心或 [三点（3P）/两点（2P）/切点、切点、半径（T）]：

指定圆的半径或 [直径（D）]：

注意：用相切方式画圆时，相切对象可以是直线、圆、圆弧和椭圆等图元，且系统总是在距拾取点最近的部位绘制相切圆。

【例 3.5】绘制如图 3.8 所示的与△ABC 的 AB、AC 两边相切，且半径是 14 的圆。

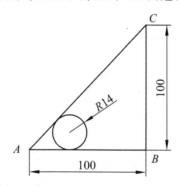

图 3.8　两切点和半径绘圆

操作步骤：

（1）完成三角形的绘制。

（2）按照画圆的命令启动画圆指令。

命令：_circle

指定圆的圆心或 [三点（3P）/两点（2P）/切点、切点、半径（T）]：t

指定对象与圆的第一个切点：（用鼠标选择 AB 边）

指定对象与圆的第二个切点：（用鼠标选择 AC 边）

指定圆的半径<337.4902>：14

3.5.2　绘制圆弧

圆弧所包含的元素较多，AutoCAD 提供了 11 种如图 3.9 所示的绘制方式，在绘制圆弧时，要根据圆弧的已知条件选用合适的方法，并注意根据命令行的提示进行操作。

图 3.9　圆弧的绘制方式

1. 命令的启动方法

（1）菜单栏：绘图（D）→圆弧（A）→选择一种绘圆方式。

（2）工具栏：点击绘图工具栏上的按钮 。

（3）命令行：ARC。

2. 圆弧的绘制方式

（1）三点（P）：指定圆弧起点、通过点、端点绘制圆弧。

（2）起点、圆心、端点（S）：指定圆弧的起点、圆心和端点绘制圆弧。

（3）起点、圆心、角度（T）：指定圆弧的起点、圆心和角度绘制圆弧。

（4）起点、圆心、长度（A）：指定圆弧的起点、圆心和弦长绘制圆弧。

（5）起点、端点、角度（N）：指定圆弧的起点、端点和角度绘制圆弧。

（6）起点、端点、方向（D）：指定圆弧的起点、端点和方向绘制圆弧。当命令行提示"指定圆弧的起点切向"时，可以拖动鼠标动态地确定圆弧在起始点处的切线方向与水平方向的夹角。

（7）起点、端点、半径（R）：指定圆弧的起点、端点和半径绘制圆弧。AutoCAD 默认的是由起点开始按逆时针方向绘制圆弧，同时规定：当输入的半径为正值时绘制小圆弧，反之绘制大圆弧。

（8）圆心、起点、端点（C）：指定圆弧的圆心、起点和端点绘制圆弧。

（9）圆心、起点、角度（E）：指定圆弧的圆心、起点和角度绘制圆弧。

（10）圆心、起点、长度（L）：指定圆弧的圆心、起点和长度绘制圆弧。

以上绘制圆弧的 10 种方法如图 3.10 所示。

注意：圆弧命令并不是绘制所有的圆弧，有些圆弧更适合将整圆修剪成圆弧或者用倒圆角的命令绘制。

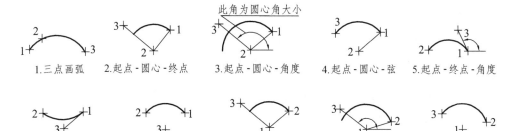

1.三点画弧　　2.起点 - 圆心 - 终点　　3.起点 - 圆心 - 角度　　4.起点 - 圆心 - 弦　　5.起点 - 终点 - 角度

6.起点 - 终点 - 起始方向　7.起点 - 终点 - 半径　8.圆心 - 起点 - 终点　9.圆心 - 起点 - 角度　10.圆心 - 起点 - 长度

图 3.10　绘制圆弧的 10 种方法示例

【例 3.6】绘制如图 3.11 所示的图形。

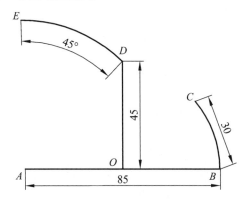

图 3.11　绘制圆弧示例图形

（1）画直线 *AB*、*OD*。

采用画直线的方法调用指令，启动后执行如下：

命令：_line

指定第一个点：点击鼠标的左键确定 *A* 点

指定下一点或 [放弃（U）]：85

命令：_line

指定第一个点：点击确定 *O* 点（*AB* 中点）

指定下一点或 [放弃（U）]：45

（2）画圆弧 *BC*。

点击下拉菜单"绘图（D）→圆弧（A）→圆心、起点、长度（L）"启动后执行如下：

命令：_arc

圆弧创建方向：逆时针（按住 Ctrl 键可切换方向）。

指定圆弧的起点或 [圆心（C）]：_c 指定圆弧的圆心：（鼠标点击 *O* 点指定为圆弧的圆心）

指定圆弧的起点：鼠标点击 *B* 点

指定圆弧的端点或 [角度（A）/弦长（L）]：_l 指定弦长：30

（3）画圆弧 *DE*。

点击下拉菜单"绘图（D）→圆弧（A）→起点、圆心、角度（T）"启动后执行如下：

命令：_arc

圆弧创建方向：逆时针（按住 Ctrl 键可切换方向）

指定圆弧的起点或[圆心（C）]：_c 指定圆弧的圆心：（鼠标点击 A 点指定为圆弧的圆心）

指定圆弧的第二个点或[圆心（C）/端点（E）]：鼠标点击 D 点

指定圆弧的端点或[角度（A）/弦长（L）]：_a 指定包含角：45

3.5.3　绘制椭圆和椭圆弧

按指定的方式画椭圆，还可取其一部分成为椭圆弧。AutoCAD 提供了如图 3.12 所示的绘制方式，包括两种椭圆方式和 1 种椭圆弧方式。

图 3.12　椭圆的绘制方式

1. 命令的启动方法

（1）菜单栏：绘图（D）→椭圆（E）→选择一种方式。

（2）工具栏：点击绘图工具栏上的按钮 ⌔ 或者 ⌔ 。

（3）命令行：ELLIPS。

2. 椭圆绘制方式

（1）圆心（C）：以指定椭圆圆心和两半轴长度方式绘制椭圆，需要给出三个点，设定的次序第一点是椭圆的圆心，第二点是椭圆长半轴上的点，第三点是椭圆短半轴上的点。

（2）轴、端点（E）：以指定椭圆某一轴上的两个端点，再指定另一条半轴长度（椭圆心与第三点之间的距离）绘制椭圆。

（3）圆弧（A）：与绘制椭圆的方法相同，只不过需要定义起始角和包含角。

3. 命令执行过程与选项说明

命令启动后提示如下信息：

命令：_ellipse

指定椭圆的轴端点或 [圆弧（A）/中心点（C）]：

指定轴的另一个端点：

指定另一条半轴长度或 [旋转（R）]：

选项参数说明：

（1）"旋转（R）"：通过绕第一条轴旋转回来创建椭圆。相当于将一个围绕椭圆轴翻转一个角度后的投影视图。

（2）"中心点（C）"：通过指定的中心点创建椭圆。

（3）"圆弧（A）"：该选项用于创建一段椭圆弧。

3.5.4 绘制样条曲线

在 AutoCAD 中，样条曲线是一种通过或逼近给定点的拟合曲线。用拟合点或控制点两种方式来定义样条曲线，其具体形状通过起点、控制点、终点以及偏差变量来控制。样条曲线适用于创建不规则的曲线，如机械图中的断裂线等。

1. 命令的启动方法

（1）菜单栏：绘图（D）→样条曲线（S）。
（2）工具栏：点击绘图工具栏上的按钮 ∿。
（3）命令行：SPLINE（SPL）。

2. 命令执行过程与选项说明

命令：_spline
当前设置：方式＝拟合节点＝弦指
指定第一个点或 [方式（M）/节点（K）/对象（O）]：
输入下一个点或 [起点切向（T）/公差（L）]：指定下一点：
输入下一个点或 [端点相切（T）/公差（L）/放弃（U）/闭合（C）]：
其中各参数含义如下：
（1）"对象（O）"：可选取用此命令将多段线样条曲线化后所创建的样条多段线转换成样条曲线。
（2）"闭合（C）"：生成闭合的样条曲线，结束命令，指定闭合点处切线方向。
（3）"公差（L）"：控制样条曲线偏离给定拟合点的状态。拟合公差值越大，偏离拟合点越远。

3.6　图案填充

在绘制工程图形时，对于剖切区域，常用图案填充的方法增加图形的可读性。区别填充的区域与非填充区域，用不同的图案填充来区分图形中不同的对象。

3.6.1　图案填充

1. 命令的启动方法

（1）菜单栏：绘图（D）→图案的填充（H）。
（2）工具栏：点击绘图工具栏上的按钮 ▨。
（3）命令行：HATCH。

2. 命令执行过程与选项说明

命令启动后，弹出如图 3.13 所示的对话框。

图 3.13 图案填充对话框

该对话框分为"类型和图案"区、"角度和比例"区、"图案填充原点"区、"边界"区、"选项"区和"继承特性"按钮 6 部分。

1）类型和图案区

①"类型"下拉列表框：设置图案的类型，有"预定义""用户定义"和"自定义"三种选择。其中"预定义"图案是 AutoCAD 提供的图案，该选项允许从 ACAD.PAT 文件内的图案中选择一种剖面线。"用户定义"图案是由一组平行线或者相互垂直的两组平行线组成。"自定义"图案表示将使用在自定义图案文件中定义的图案。

②"图案"下拉列表框：列出了有效的预定义图案，供用户选择。只有在"类型"中选择"预定义"选项后，单击该区内"图案"下拉列表窗口右侧的按钮 或者"样例"框，将弹出如图 3.14 所示的"填充图案控制板"对话框，可从中选择一种所需的剖面线。如果对图案名称很熟悉，也可从"图案"下拉列表中选择"预定义"的剖面线。

③"样例"：显示所选定图案的预览图像，单击该框，可打开如图 3.14 所示的"填充图案控制板"对话框。

④"自定义图案"：只有在"类型"下拉列表框中选择了"自定义"选型，此列表框才有效。

2）角度和比例

①"角度"用于填充图案的旋转角度，默认状态下，每种填充图案的旋转角度为0。

②"比例"用于设置图案填充时的比例值，用户可根据需要放大或者缩小。

③"双向"，用于在类型中选择"用户定义"后，使用相互垂直的两组平行线填充图形。

④"相对图纸空间"决定比例是否相对于图纸而言。

⑤"间距"用于在类型中选择"用户定义"，用于填充平行线之间的距离。

⑥"ISO 笔宽"用于填充图案采用 ISO图案时，确定所选图案的比例。

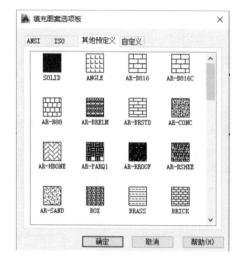

图 3.14 "填充图案控制板"对话框

3）图案填充原点

①"使用当前原点"：用当前的 UCS 坐标系的原点（0，0）作为图案填充的原点。

②"指定的原点"：通过指定点作为图案填充的原点。其中，单击"单击以设置新原点"按钮，可以从绘图窗口选择某个点作为填充原点；选择"默认为边界范围"复选框，可以以填充边界的左下角、右下角、左上角、右上角或者圆心作为填充图案的原点，选择"储存为默认原点"复选框，可以把指定点存储为默认图案填充的原点。

4）边 界

用来选择剖面线的边界并控制定义剖面线边界的方法。

①"添加：拾取点"：根据围绕指定点所构成封闭区域的现有对象来确定边界。单击此按钮，返回到绘图区域，此时在填充区域内部进行点选，系统会自动计算一个封闭区域作为填充的边界，选中的边界以虚线显示，如图 3.15（b）所示。如果选择的区域不是封闭区域，AutoCAD 将给出提示信息，说明未找到有效的填充边界。

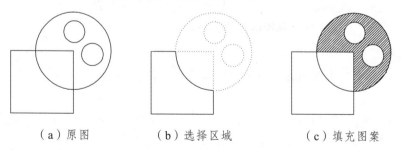

（a）原图   （b）选择区域   （c）填充图案

图 3.15 拾取点填充图

②"添加：选择对象"：根据构成封闭区域的选定对象来确定边界。单击该按钮，将返回到图纸，此时可按"选择对象"的方式指定边界。但该方式要求选择为边界的多条线段必须封闭。如图 3.16 所示，也可以选择文本进行填充边界。

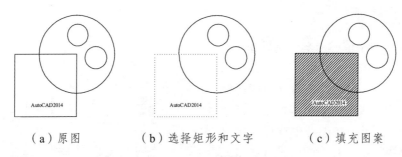

（a）原图　　　　（b）选择矩形和文字　　　（c）填充图案

图 3.16　选择对象填充图案

③"删除边界"：从选择的边界中删除选定的边界对象。单击该按钮，可清除由"拾取"方式所定义的内部边界，但不能清除最外部的边界，如图 3.17 所示。

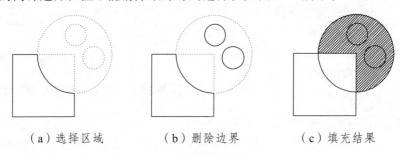

（a）选择区域　　　　（b）删除边界　　　　（c）填充结果

图 3.17　删除边界操作

④"查看选择集"：单击该按钮，返回到图纸，查看当前选择集。当没有选择或没有定义边界时，此选项不能用。

⑤"重新创建边界"：单击该按钮，重新创建填充边界。

5）选　项

①"关联"：当勾选该复选框时，填充图案与填充边界相关联，当边界形状发生变化时，图案填充范围随着发生变化。

②"创建独立的图案填充"：勾选该复选框时，当填充范围为多个独立的闭合边界时，图案填充为独立的多个填充图案，未勾选该复选框，则填充图案为一个整体。

③"绘图次序"：通过下拉列表框选择图案填充的绘图顺序。

6）继承特性

选择图形中已有的填充图案作为当前填充图案。单击该按钮，AutoCAD 临时切换到绘图屏幕。

注意：用填充方法绘制的剖面线是一个整体，不能对其中的元素进行单独操作，只能用 HATCHEDIT 命令进行编辑。但可以用分解命令分解，分解后的剖面线不再是一个整体，而是一个个独立的对象。

3.6.2　编辑图案填充

可修改已填充的剖面线类型、缩放比例、角度及填充方式等。

1. 命令的启动方法

（1）菜单栏：修改（M）→对象（O）→图案的填充（H）。

（2）工具栏：点击修改Ⅱ工具栏上的按钮。

（3）命令行：HATCHEDIT。

（4）鼠标：在填充图案上"双击"。

2. 命令的执行

命令：_hatchedit

AutoCAD 提示选择图案填充对象：

选择关联的填充图案后，将弹出如图 3.18 所示的对话框。

图 3.18 "图案填充编辑"对话框

该对话框的内容与"边界图案填充"对话框一样。在该对话框中可根据需要，重新选择剖面线的图案；修改缩放比例和倾角；单击"高级"选项卡，可修改图案填充的方式。但该命令不能对具有继承性的填充图案进行编辑。

注意：用对象特性编辑命令（PROPERTIES 命令），也可全方位修改、编辑剖面线特性。

习　题

3-1　绘制矩形命令与直线命令绘制的矩形有何不同？

3-2　运用本章学习的绘图指令绘制如图 3.19 所示的 4 个图形。

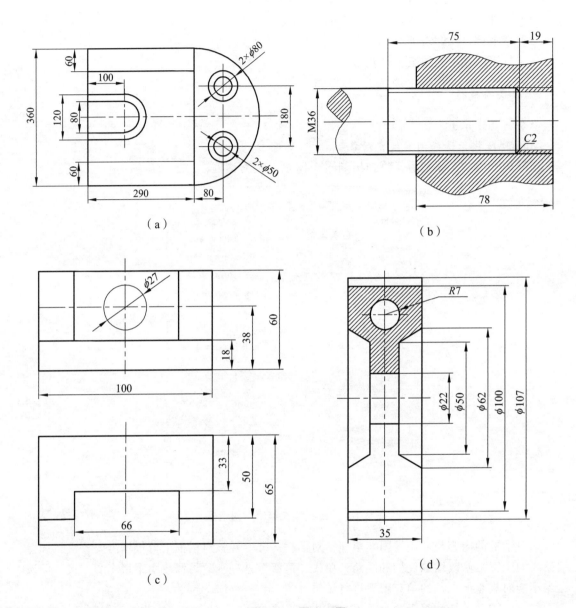

图 3.19　题 3-2 图

4 图形编辑

本章主要介绍图形的编辑，包括对图形的删除与恢复、放弃和重做、图形变换以及图形繁衍。

学习目标：熟练使用图形的删除与恢复、放弃和重做；掌握图形变换以及图形繁衍指令。

AutoCAD 提供的绘图工具只能创建一些基本图形对象，若仅用这些绘图工具来绘制复杂图形，其绘图效率低、准确性差，甚至无法完成。在实际的工程绘图中，为了绘出所需图形，在很多情况下都需要对所绘图形进行修改加工，为此 AutoCAD 提供了多种编辑图形的工具、方法和命令。

4.1 选择对象

在对图形进行编辑的时候，需要选择要编辑的图形对象。本节主要介绍图形对象的选择方法。

4.1.1 选择图形对象的方式

在执行命令的过程中，当系统要求选择对象时，光标变成拾取框"□"，进入对象的选择。状态栏提示"选择对象"，用户可以用各种方法在绘图区以交互方式选择对象。被选中的对象将以虚线加亮显示，用户可以用空格键、Enter 键或者点击鼠标右键完成选择操作。按 Esc 键将中断选择操作。在命令行中输入 select 命令，然后在"选择对象："提示下输入"？"，按回车键则提示如下：

需要点或窗口（W）/上一个（L）/窗交（C）/框（BOX）/全部（ALL）/栏选（F）/圈围（WP）/圈交（CP）/编组（G）/添加（A）/删除（R）/多个（M）/前一个（P）/放弃（U）/自动（AU）/单个（SI）

其中各参数含义如下：

（1）"需要点"：用拾取框点选拾取对象，被选中的对象呈虚线显示。默认方式是最常用的对象选择方式。可以键入坐标，也可以用鼠标移动拾取框，逐个单击要选的对象，此方式为"点选"。"点选"方式是最简单，也是最常用的一种选择对象的方法，尤其用于选择单个对象。

（2）"窗口（W）"：在绘图区内用两点确定矩形框拾取对象，指定一个角点后，随着光标的移动将显示一个浅蓝色底实线或者虚线绿色矩形窗口框，即"标准窗口"和"交叉窗口"。

窗口的第一点在左方，第二点在右方形成的窗口，称为"标准窗口"。"标准窗口"是一个实线蓝底的窗口，当图形对象元素全部包括在窗口内部时，选中图形对象。"交叉窗口"第一点在右方，第二点在左方，形成一个虚线绿底的矩形框，图形对象完全包括在窗口内部或被窗口穿过时，图形对象被选中。"标准窗口"和"交叉窗口"是常用的两种选择图形对象的方法。

（3）"上一个（L）"：此选项用于选取图形窗口内可见元素中最后创建的对象。

（4）"窗交（C）"：默认方式，操作过程与"窗口"类似，随着光标的移动将显示一个浅绿色底的虚线窗口框，该方式将选择所有被包含在窗口内和部分落入窗口内的可见对象。

（5）"框（BOX）"：此选项用"窗口"或"窗交"的方式选择图形对象。

（6）"全部（ALL）"：选中图形中所有图形对象。

（7）"栏选（F）"：此选项在绘图区内绘制一条多段折线，与此折线相交的所有图形对象均被选中。

（8）"圈围（WP）"：此选项绘制一不规则的封闭多边形，对象元素完全在多边形内部时图形对象被选中。

（9）"圈交（CP）"：此选项绘制一不规则的封闭多边形，对象元素完全在多边形内部，或被多边形穿过时，图形对象被选中。

（10）"编组（G）"：此选项要创建编组对象，用此选项时，输入编组名称，则可选中该编组内的所有对象。

（11）"添加（A）"：此选项用于将对象添加到选择集中。

（12）"删除（R）"：从选择集中移出已被选择的图形对象。

（13）"多个（M）"：通过多次直接选取对象。

（14）"前一个（P）"：选择最近的选择集。

（15）"放弃（U）"：放弃选择最近加到选择集中的对象。

（16）"自动（AU）"：使用自动方式时，用点拾取对象时，对象被选中。如点的位置在对象内部或外部的空白区，将以窗口选取的方式选择图形对象。

（17）"单个（SI）"：单击选择指定第一个或第一组对象而不继续提示进一步选择。

可以利用这些选项来选择对象，在执行的时候可以直接输入各选项中的英文大写字母，按提示操作即可。

4.1.2　快速选择

快速选择用于创建选择集，该选择集包括或排除符合指定过滤条件的所有对象。

1. 命令启动方法

（1）菜单栏：工具→快速选择。

（2）命令行：QSELECT。

2. 命令执行与选项说明

命令执行后，打开如图 4.1 所示的对话框。

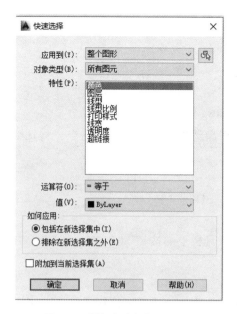

图 4.1 "快速选择"对话框

各个选项说明如下：

（1）"应用到"：将过滤条件应用到整个图形或当前选择集。

（2）"对象类型"：指定要包含在过滤条件中的对象类型，如直线、圆或者圆弧。

（3）"特性"：指定过滤器的对象特性。

（4）"运算符"：控制过滤的范围。

（5）"值"：指定过滤器的特性值。

（6）"如何应用"：指定将符合给定过滤条件的对象包括在新选择集中或排除在新选择集之外。

【例 4.1】使用快速选择命令按要求完成图 4.2 所示的选择集。

执行如下操作：

① 执行"快速选择"命令，打开"快速选择"对话框。

② 单击"对象类型"下拉列表框，选择"直线"选项后，单击图 4.1 中的确定后得到如图 4.2（b）所示的选择结果。

③ 在"对象类型"下拉列表框中选择"所有图元"选项、"颜色"选项，在"运算符"下拉列表框中选择"等于"选项，选择结果如图 4.2（c）所示。

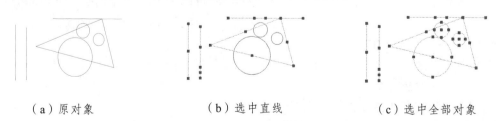

（a）原对象　　　　　　　（b）选中直线　　　　　　　（c）选中全部对象

图 4.2　快速选择应用对话框

4.2 删除与恢复

4.2.1 删　除

删除主要用于将选择的对象清除干净，执行该命令，将选中的对象删除。

1. 删除对象的方法

（1）菜单栏：修改（M）→删除（E）。
（2）命令行：ERASE。
（3）工具栏：点击修改工具栏上的按钮 。

2. 操作方法

先使用删除对象的 3 种方法之一，然后可使用"窗口""窗交"或"选择集"等方式选择删除对象，被选择的对象以虚线显示，按"Enter"键或者鼠标右键，这时被选中的对象从图形中删除。

4.2.2 恢　复

在命令行输入 OOPS 可恢复最近一次删除命令删除的对象，且只恢复一次，该命令没有参数。在执行块命令后，也可以使用 OOPS 命令恢复因定义为块而被删除的对象。
激活"恢复"命令的方法如下：
命令行：OOPS。
按空格键或"Enter"键，将恢复删除的对象。

4.3 放弃和重做

4.3.1 放　弃

需要放弃已进行的操作，可通过"放弃"命令来执行。放弃有两个命令，即 U 和 UNDO。U 命令没有参数，每执行一次，自动放弃上一个操作，但是存盘、图形重生成等操作是不可以放弃的。UNDO 命令功能较强。
在命令正在进行时要终止其执行，一般按"Esc"键，若执行了其他非透明的命令，则将结束原命令，转而执行新命令。
放弃命令访问有 4 种方法：
（1）菜单栏：编辑（E）→放弃（U）。
（2）命令行：输入 U、UNDO。

（3）工具栏：点击工具栏上的按钮 ⟲ 。

（4）快捷键："Ctrl" + Z。

4.3.2　重　做

"重做"命令是将刚刚放弃的操作重新恢复，访问有四种方法如下：

（1）菜单栏：编辑（E）→重做（R）。

（2）命令行：输入 REDO、MREDO。

（3）工具栏： ⟳ 。

（4）快捷键："Ctrl" + Y。

4.4　图形变换指令

基本图形可以经过平移、旋转、缩放、拉伸和拉长等基本变换产生其他类似图形。

4.4.1　平　移

1. 功　能

平移是将所选对象移动到指定的位置。在移动过程中并不改变对象的尺寸和几何元素之间的相互位置。

2. 命令启动方法

（1）菜单栏：修改（M）→移动（V）。

（2）命令行：MOVE。

（3）工具栏：点击工具栏上的按钮 ✛ 。

3. 命令执行与选项说明

命令启动后提示如下信息：

命令：move

选择对象：

指定基点或[位移（D）]<位移>：

指定第二点或<使用第一个点作为位移>：

（1）选择对象。

按"Enter"键或单击鼠标右键确认完成要移动对象的选择。

（2）基点。

基点是指选用移动后有明确摆放位置的点，一般用"对象捕捉工具"捕捉"特殊位置点"。指定第二个点，用于指示基点移动后的位置。

4.4.2　旋　转

1. 功　能

用于使选定对象绕指定基点（旋转中心）旋转一定角度或者参照一对象进行旋转，旋转时基点不动。

2. 命令启动方法

（1）菜单栏：修改（M）→旋转（R）。
（2）命令行：ROTATE（RO）。
（3）工具栏：点击工具栏上的按钮 ⟳。

3. 命令执行与选项说明

命令启动后提示如下信息：
命令：rotate
UCS 当前的正角方向：ANGDIR＝逆时针　　ANGBASE＝0
选择对象：
指定基点：
旋转角度或[复制（C）/参照（R）]：
（1）选择对象。
按"Enter"键或单击鼠标右键确认完成要旋转对象的选择。
（2）基点和旋转角度。
旋转对象时，需要指定旋转基点和旋转角度。基点是指旋转中心点，一般用"对象捕捉工具"捕捉"特殊位置点"。旋转角度是基于当前用户坐标系的。输入正值，表示按逆时针方向旋转对象；输入负值，表示按顺时针方向旋转对象。
（3）"复制（C）"和"参照（R）"。
如果在命令提示下选择"复制"，则旋转出的对象为原对象的克隆。如果在命令提示下选择"参照"，则以当前的角度为参照，采用绝对角度旋转方式旋转到要求的新角度。当知道一个对象旋转前后的绝对角度时，使用绝对角度旋转方式较方便。

4.4.3　缩　放

1. 功　能

用于放大或者缩小选定对象，缩放后保持对象的比例不变。

2. 命令启动方法

（1）菜单栏：修改（M）→缩放（L）。
（2）命令行：SCALE （SC）。
（3）工具栏：点击工具栏上的按钮 ▱。

3. 命令执行与选项说明

命令启动后提示如下信息：

命令：scale

选择对象：

选择对象：

指定基点：

指定比例因子或[复制（C）/参照（R）]：

（1）选择对象。

第一个选择对象是选择需要缩放的图形对象，第二个选择对象是按"Enter"键或单击鼠标右键确认完成对象的选择。

（2）基点。

基点是指定缩放的中心点，用以确定缩放时图形对象上的位置保持不变的点。

（3）比例因子。

按照指定的比例放大或者缩小所选对象。比例因子大于 1，是放大对象；比例因子在 0 与 1 之间，是缩小对象。

（4）"复制（C）"和"参照（R）"。

如果在命令提示下选择"复制"，则保留原对象，按指定的比例缩放生成新的图形对象。如果在命令提示下选择"参照"，则按照参照的长度和指定的基点缩放所选图形的对象。

4.4.4 拉 伸

1. 功 能

用于保持图形各部分的连接关系，是调整图形大小、形状和位置的一种十分灵活的工具。

2. 命令启动方法

（1）菜单栏：修改（M）→拉伸 （H）。

（2）命令行：STRETCH（S）。

（3）工具栏：点击工具栏上的按钮 。

3. 命令执行与选项说明

命令启动后提示如下信息：

命令：stretch

以交叉窗口或交叉多边形选择要拉伸的对象

选择对象：

选择对象：

指定基点或位移：

指定位移的第二个点或<用第一个点作位移>：

（1）选择对象。

第一个选择对象以交叉窗口或交叉多边形选择要拉伸的对象。第二个选择对象是按

"Enter"键或单击鼠标右键确认完成对象的选择。

（2）基点。

基点是指定拉伸的起点。指定第二个点来确定位移。

4.4.5　拉　长

1. 功　能

用于沿原来的方向增加或者减小直线、圆弧和椭圆弧等对象的长度。

2. 命令启动方法

（1）菜单栏：修改（M）→拉长　（G）。

（2）命令行：LENGTHEN（LEN）。

3. 命令执行与选项说明

命令启动后提示如下信息：

命令：len

选择对象或[增量（DE）/百分数（P）/全部（T）/动态（DY）]：

指定总长度或[角度（A）] <1.0000>

选择要修改的对象或[放弃（U）]：

（1）选择对象。

选择欲伸缩的直线或者圆弧对象，AutoCAD将显示其长度和圆弧所包含的角度，并再次显示该提示。

（2）增量（DE）。

按输入的增量，在靠近选择点一端伸缩所选对象。输入正值则伸长，输入负值则缩短。输入后系统提示：输入长度增量或者角度的增量。

（3）百分数（P）。

以所选对象当前总长为 100，按指定的百分比，在靠近选择点的一端伸缩所选对象，输入值大于 100 时伸长，小于 100 时缩短。

（4）全部（T）。

按输入值修改所选对象的总长度或者圆弧的圆心角。

（5）动态（DY）。

根据光标位置动态伸缩所选对象。

（6）选择要修改的对象或 [放弃（U）]。

单击欲伸缩的对象，输入 U 则放弃刚完成的操作。

4.5　图形繁衍指令

基本图形可以经过复制、阵列、等距等操作产生多个形状相同的图形。

4.5.1　复　　制

1. 功　　能

用于在当前图形内进行反复复制所选择的对象。复制的对象与源对象处于同一层，具有相同的特性。

2. 命令启动方法

（1）菜单栏：修改（M）→复制 （Y）。

（2）命令行：COPY（CO）。

（3）工具栏：点击工具栏上的按钮 🗞️|。

3. 命令执行与选项说明

命令启动后提示如下信息：

命令：CO

COPY 选择对象：

当前设置：复制模式 = 多个

指定基点或 [位移（D）/模式（O）] <位移>：

指定第二个点或 [阵列（A）] <使用第一个点作为位移>：

指定第二点或回车

（1）指定基点：复制对象的参考点。

（2）位移（D）：源对象与目标对象之间的位移矢量。

（3）模式（O）：设置单一复制或多重复制。

（4）退出（E）：结束操作。

（5）放弃（U）：放弃前一次的复制。

4.5.2　镜　　像

1. 功　　能

用于将目标对象按指定的镜像轴作对称复制，常用于对称图形的绘制。原对象可保留，也可删除。

2. 命令启动方法

（1）菜单栏：修改（M）→镜像（I）。

（2）命令行：MIRROR（MI）。

（3）工具栏：点击工具栏上的按钮 ⚖️。

3. 命令执行与选项说明

命令启动后提示如下信息：

命令：MI

选择对象：

指定镜像线的第一点：

指定镜像线的第二点<正交开>：

是否删除源对象？[是（Y）/否（N）] <N>：

（1）指定镜像线的第一点是指确定镜像轴的第一点。

（2）指定镜像线的第二点是指确定镜像轴的第二点。

（3）选 Y 是删除源对象，选 N 是保留源对象。

操作时，先选择对象，然后指定对称轴线，对称轴线可以是任意方向的，所选择的图形可以删去，也可以保留。

4.5.3 阵　列

1. 功　能

用于将指定对象复制成均匀隔开的矩形阵列、路径阵列或环形阵列，可以快速地产生规则分布的图形，可以在矩形、环形或者路径阵列中创建对象副本。

2. 命令启动方法

（1）菜单栏：修改（M）→阵列。

（2）命令行：ARRAY。

（3）工具栏：点击工具栏上的按钮 ▦ 或者长按 ▦，出现 ▦ ⌒ ✣。

3. 命令执行与选项说明

命令激活后，在选择对象后，命令行提示如下：

"输入阵列类型[矩形（R）/路径（PA）/极轴（PO）] <矩形>："

（1）矩形阵列：用于按行和按列复制对象，与 ARRAYRECT 命令相同。选择矩形阵列后，将出现如图 4.3 所示的矩形阵列预览，并在命令行提示如下：

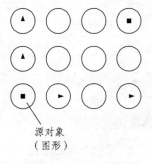

源对象
（图形）

图 4.3　矩形阵列预览

命令 arrayect

选择择对象：

类型＝矩形关联＝是

选择夹点以编辑阵列或[关联（AS）/基点（B）/计数（COU）间距（S）例数（COL）/行数（R）/层数（L）/退出（X）]＜退出＞：

① 关联（AS）：设置阵列项目间是否关联。阵列的所有图形是单个阵列对象，因此可以对阵列特性进行编辑，如改变间距、项目数和轴间角等。同时编辑项目的源对象，其他的各项目也会跟随改变或采用替代项目特性来编辑。相反非关联是指阵列中的项目为独立的对象，更改一个项目不影响其他项目。

② 基点（B）：阵列对象的基准点，缺省时为单一对象的中心，也可以设置其他的点。

③ 计数（COU）：指定行数和列数。

④ 间距（S）：指定行间距和列间距。

⑤ 层数（L）：指定阵列中的层数。

（2）路径阵列：将选定对象沿路径进行阵列，选择的路径可以是直线、多段线、三维多段线、样条曲线、螺旋、圆弧、圆或椭圆。路径既可以是二维路径，也可以是三维路径。

执行路径阵列时首先选择阵列对象，然后选择阵列路径。与 arraypath 命令相同。选择路径阵列后，将出现路径阵列预览，如图 4.4 所示，同时命令行继续提示如下：

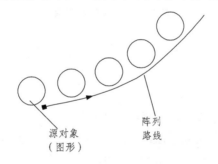

图 4.4 "路径阵列"预览

命令：_arraypath

选择对象：找到 1 个

类型＝路径关联＝是

选择路径曲线：

选择夹点以编辑阵列或 [关联（AS）/方法（M）/基点（B）/切向（T）/项目（I）/行（R）/层（L）/对齐项目（A）/Z 方向（Z）/退出（X）]＜退出＞：

在阵列的操作中，可以使用夹点调整路径阵列参数，也可使用命令提示的交互式来调整路径阵列参数。关于夹点在本章 4.7 节介绍。

路径阵列各选项或参数意义说明如下：

① 方法（M）：控制如何沿路径分布项目，分为定距分布和定数分布两种。

② 切向（T）：指定阵列中的项目与路径的起始方向的对齐方式，分"切向"和"法向"。

③ 项目（I）：根据"方法"设置，指定阵列项目数和项目之间的距离。

④ 对齐项目（A）：设置阵列项目是否与路径对齐。

⑤ Z 方向（Z）：当路径是三维路径时，控制项目保持原 Z 方向或者随路径倾斜情况旋转。

（3）环形阵列：将选定对象的副本均匀地围绕中心点或者旋转轴分布。环形阵列可以控制复制图形的数目并决定是否旋转复制图形。选用环形阵列后，将出现环形阵列预览，如图 4.5 所示，同时命令行提示如下：

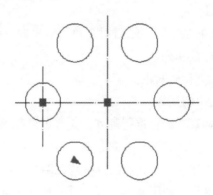

图 4.5　环形阵列预览

命令：_arraypolar

选择对象：

类型＝极轴关联＝是

指定阵列的中心点或 [基点（B）/旋转轴（A）]：

选择夹点以编辑阵列或 [关联（AS）/基点（B）/项目（I）/项目间角度（A）/填充角度（F）/行（ROW）/层（L）/旋转项目（ROT）/退出（X）] <退出>：

环形阵列各选项或参数意义说明如下：

① 项目（I）：指定阵列中的项目数。

② 项目间角度（A）：指定项目间的角度。

③ 填充角度（F）：指定填充的角度。

④ 行（ROW）：输入行数、行间距和标高增量。

⑤ 旋转项目（ROT）：设置是否旋转阵列项目。

（4）修改关联阵列：通过编辑阵列特性、应用项目替代、替换所选定的项目或者编辑源对象来修改关联阵列。编辑方法有：夹点编辑和阵列命令行等。

（5）阵列对话框：经典 AutoCAD 设计中常使用对话框来操作阵列。当前版本仍保留这个功能。当在命令窗口中输入"ARRAYCLASSIC"并按"Enter"键后，弹出图 4.6 所示的"阵列"对话框。利用该对话框可以完成矩形阵列和环形阵列的设置。

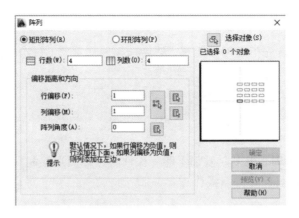

图 4.6 "阵列" 对话框

4.5.4 偏 移

1. 功 能

用于根据指定距离或者通过一指定点构造所选对象的同心圆、平行线和等距曲线。可以偏移的对象有：直线、圆、圆弧、构造线和样条曲线等。

2. 命令启动方法

（1）菜单栏：修改（M）→偏移（S）。

（2）命令行：OFFSET（O）。

（3）工具栏：点击工具栏上的按钮 Ⓐ。

3. 命令执行与选项说明

命令启动后提示如下信息：

命令：_offset

当前设置：删除源＝否图层＝源   OFFSETGAPTYPE＝0

指定偏移距离或 [通过（T）/删除（E）/图层（L）] <10.0000>：

选择要偏移的对象，或 [退出（E）/放弃（U）] <退出>：

指定要偏移的那一侧上的点，或 [退出（E）/多个（M）/放弃（U）] <退出>：

（1）指定偏移距离：输入偏移距离，可以键入值，也可以用鼠标单击两点之间的距离来定义。

（2）通过（T）：创建通过指定点的对象。

（3）删除（E）：偏移源对象后将其删除。

（4）图层（L）：控制偏移对象是否与原对象在同一层。

（5）放弃（U）：恢复前一个偏移。

（6）多个（M）：打开重复多次偏移模式。如果已经指定过偏移距离，则以确定好的距离重复多次偏移的操作。

5. 操作说明

执行该命令时, 应首先指定偏移距离, 然后选择偏移对象 (每次只能选择一个), 指定偏移方向 (内侧或者外侧)。

4.6 图形修整指令

AutoCAD 绘制图形时, 很多时候都不能一次性将目标图形绘制到位, 常常需要剪去某段图线、延伸图线到指定目标等修整操作。

4.6.1 修 剪

1. 功 能

用于指定一个或多个对象作为边界剪切的被修剪对象, 使它们精确地终止于剪切边界线。被剪切的对象可以包括圆弧、圆、椭圆弧、直线、多段线、射线、构造线、样条曲线、文字和图案填充等。

2. 命令启动方法

(1) 菜单栏: 修改 (M) → 偏移 (T)。

(2) 命令行: TRIM (TR)。

(3) 工具栏: 点击工具栏上的按钮 ⊬ 。

3. 命令执行与选项说明

命令启动后提示如下信息:

命令: _trim

当前设置: 投影 = UCS, 边 = 无

选择剪切边...

选择要修剪的对象, 或按住 Shift 键选择要延伸的对象, 或

[栏选 (F) /窗交 (C) /投影 (P) /边 (E) /删除 (R) /放弃 (U)]:

选择要修剪的对象, 或按住 Shift 键选择要延伸的对象, 或

[栏选 (F) /窗交 (C) /投影 (P) /边 (E) /删除 (R) /放弃 (U)]: 指定对点:

(1) 选择对象或 <全部选择>: 指选择一个或多个对象, 使用该选定对象作为修剪的剪切边界。

(2) 选择要修剪的对象: 指定欲修剪的对象。可以选择多个修剪对象, 用 "Enter" 键退出选择。如果在选择修剪对象的过程中按住 "Shift" 键选择对象, 此时为延伸。该方法提供了一种在修剪和延伸之间切换的简便方法。

(3) 栏选 (F): 通过直线辅助修剪, 直线经过的线段会被剪掉。

(4) 窗交 (C): 通过指定两个对角点来确定一个矩形窗口, 选择该窗口内部或与矩形窗口相交的对象。

（5）投影（P）：指定在修剪对象时使用的投影模式。

（6）删除（R）：在执行修剪命令的过程中将选定的对象从图形中删除。

（7）撤销（U）：撤销使用TRIM最近对对象进行的修剪操作。

4. 操作说明

先选择作为修剪边界线的对象，再选择要被修剪的对象，图线将沿剪切边界线修剪掉对象的选择端。修剪图形时最后一段或单独的一段是无法剪掉的，可以用删除命令删除。某些要修剪的对象的交叉选择不确定时，修剪命令将沿着矩形交叉窗口从第一个点顺时针方向选择遇到的第一个对象。

4.6.2 延 伸

1. 功 能

用于在图中延伸现有对象，使其端点精确地落在指定的边界线上。

2. 命令启动方法

（1）菜单栏：修改（M）→延伸（D）。

（2）命令行：EXTEND（EX）。

（3）工具栏：点击工具栏上的按钮--/ 。

3. 命令执行与选项说明

命令启动后提示如下信息：

命令：_extend

选择边界的边…

选择对象或<全部选择>：

选择对象：

选择要延伸的对象，或按住 Shift 键选择要修剪的对象，或 [栏选（F）/窗交（C）/投影（P）/边（E）/放弃（U）]：

（1）选择对象或 <全部选择>：指选择一个或多个对象，或者按"Enter"键选择所有显示的对象。使用选定对象来定义对象延伸的边界。

（2）选择要延伸的对象：指定欲延伸的对象。对象延伸是离选择点最近的一端。如果指定多个边界时，对象延伸到最近的边界，还可以再次选取该对象以延伸到下一个边界。

（3）栏选（F）/窗交（C）/投影（P）/边（E）与修剪命令中的一样。

（4）放弃（U）：放弃使用延伸对对象进行的最近操作。

4. 操作说明

先指定延伸边界线，并用按"Enter"键结束边界的选择，再逐个选择要延伸的对象。延伸边界对象和被延伸对象可以是同一个对象。注意圆弧一般不能延伸到360°。

4.6.3 打 断

1. 功 能

用于在两点之间打断选定的对象，可以将某对象一分为二或去掉其中一段缩短其长度。

2. 命令启动方法

（1）菜单栏：修改（M）→打断（K）。
（2）命令行：BREAK（BR）。
（3）工具栏：点击工具栏上的按钮 ▱ 。

3. 命令执行与选项说明

命令启动后提示如下信息：

命令：_break
BREAK 选择对象：
指定第二个打断点或 [第一点（F）]：
指定第一个打断点：
指定第二个打断点：

（1）第一切断点（F）：在选取的对象上指定要切断的起点
（2）第二切断点（S）：在选取的对象上指定要切断的终点。

此时，AutoCAD 以用户选择对象时的拾取点作为第一断点，并要求确定第二断点。用户可以有以下选择：

如果直接在对象上的另一点处单击拾取键，AutoCAD 将对象上位于两拾取点之间的对象删除掉。

如果输入符号"@"后按"Enter"键或"Space"键，AutoCAD 在选择对象时的拾取点处将对象一分为二。

如果在对象的一端之外任意拾取一点，AutoCAD 将位于两拾取点之间的那段对象删除掉。

4. 操作说明

默认情况下，需要选择切断对象、指定切断的起点（第一切断点）和终点（第二切断点），系统将把两切断点间的断线删除，产生间断。通过选项 F，用户可以重新选择第一切断点。

选择不同的断点，可以擦除中间一段、一端或分成邻接的两段。对于圆和椭圆的打断，AutoCAD 将按逆时针方向删除这些对象上第一切断点到第二切断点之间的部分。

4.6.4 倒角与圆角

倒角和圆角是机械零件图上常见的结构。倒角和圆角可以分别使用倒角、圆角命令直接产生。

1. 倒　角

倒角是在两直线之间创建的。

1）命令启动方法

① 菜单栏：修改（M）→倒角（C）。

② 命令行：CHAMFER（CHA）。

③ 工具栏：点击工具栏上的按钮 ⌐。

2）命令执行与选项说明

命令：_chamfer

（"不修剪"模式）当前倒角距离 1 = 0.0000，距离 2 = 0.0000

选择第一条直线或 [放弃（U）/多段线（P）/距离（D）/角度（A）/修剪（T）/方式（E）/多个（M）]：

选择第二条直线，或按住 Shift 键选择直线以应用角点或 [距离（D）/角度（A）/方法（M）]：

① 选择第一条直线：要求选择进行倒角的第一条线段，为默认项。选择某一线段，即执行默认项后，AutoCAD 提示：选择第二条直线，或按住"Shift"键选择要应用角点的直线，在该提示下选择相邻的另一条线段即可。

② 多段线（P）：对整条多段线倒角。

③ 距离（D）：设置倒角距离。

④ 角度（A）：根据倒角距离和角度设置倒角尺寸。

⑤ 修剪（T）：确定倒角后是否对相应的倒角边进行修剪。

⑥ 方式（E）：确定将以什么方式倒角，即根据已设置的两倒角距离倒角，还是根据距离和角度设置倒角。

⑦ 多个（M）：如果执行该选项，当用户选择了两条直线进行倒角后，可以继续对其他直线倒角，不必重新执行 CHAMFER 命令。

⑧ 放弃（U）：放弃已进行的设置或操作。

3）操作说明

在进行倒角时，先进行倒角参数的设置，如倒角的距离和角度，然后进行修剪方式的设置，最后选择倒角的两条直线。

2. 圆　角

圆角是用指定半径的圆弧连接两相交的直线、弧或圆。

1）命令启动方法

① 菜单栏：修改（M）→圆角（F）。

② 命令行：FILLET（FIL）。

③ 工具栏：点击工具栏上的按钮 ⌐。

2）命令执行与选项说明

命令：_fillet

当前设置：模式＝修剪，半径＝0.0000

选择第一个对象或 [放弃（U）/多段线（P）/半径（R）/修剪（T）/多个（M）]：

① 第一行说明当前的创建圆角操作采用了"修剪"模式，且圆角半径为 0。

② 第二行的含义如下：

选择第一个对象，此提示要求选择创建圆角的第一个对象，为默认项。用户选择后，AutoCAD 提示：选择第二个对象，或按住"Shift"键选择要应用角点的对象，在此提示下选择另一个对象，AutoCAD 按当前的圆角半径设置对它们创建圆角。如果按住"Shift"键选择相邻的另一对象，则可以使两对象准确相交。

多段线（P）是指对二维多段线创建圆角，半径（R）是设置圆角半径，多个（M）执行该选项且用户选择两个对象创建出圆角后，可以继续对其他对象创建圆角，不必重新执行 FILLET 命令。

3）操作说明

在进行倒圆角时，先进行圆角参数的设置，如圆角的半径，然后进行修剪方式的设置，最后选择对象。

4.6.5 合并与分解

1. 合　并

可以将多段线、直线、圆弧、椭圆弧和样条曲线等独立的线段合并为一个实体对象。

1）命令启动方法

① 菜单栏：修改（M）→合并（J）。

② 命令行：JOIN（J）。

③ 工具栏：点击工具栏上的按钮 ⤙。

2）命令执行与选项说明

命令：_join

选择源对象或要一次合并的多个对象：

直线对象必须共线（位于同一无限长的直线上），但是它们之间可以有间隙。合并多段线对象之间不能有间隙，并且必须位于 USC 的 XY 平面平行的同一平面上。圆弧对象必须位于同一假想的圆上，但是它们之间可以有间隙。"闭合"选项可将源圆弧转换成圆。合并两条或多条圆弧时，将从源对象开始按逆时针方向合并圆弧。

2. 分　解

用于分解多段线、关联阵列、图块、尺寸等复合对象为它们的构成对象。分解后形状不会发生变化，各部分可以独立进行编辑和修改。例如，尺寸标注分解为各个组成部分（直线、弧线、箭头和文字）。

1）命令启动方法

① 菜单栏：修改（M）→分解（X）。

② 命令行：EXPLODE（X）。

③ 工具栏：点击工具栏上的按钮 。

2）命令执行与选项说明

命令：_explode

选择对象：

分解每次只能分解同组中的一级，需要时可再用该命令打散下一级。而且此分解命令是不可逆的，特别对于图案填充、尺寸标注、三维实体等要谨慎使用或者不用。

4.7　利用夹点编辑图形

在绘图过程中，常需要对图形进行修改，以达到最终所需的结构等要求。在 AutoCAD 中，除了前面介绍的菜单、命令行和工具栏以外还可以利用夹点来编辑图形。

夹点是选中该图形对象后，图形上一些特殊位置点出现的实心小方框，拖动这些夹点可以快速拉伸、移动、旋转、缩放或者镜像对象。使用夹点编辑，大大提高了绘图的效率。

4.7.1　控制夹点的显示

默认情况下，夹点方式是打开的。用"工具"→"选项"对话框中的"选项集"选项卡可以对夹点显示进行设置，如图 4.7 所示。

图 4.7　"夹点"设置显示框

（1）夹点尺寸：控制夹点的显示尺寸，拖动滑块可控制夹点方框的大小。

（2）夹点：设置夹点是否显示以及显示的颜色。

按"ESC"键或改变视图显示，如缩放、平移视图可取消夹点的选择。按"Enter"键或"Backspace"键来循环浏览上述各种编辑模式。

4.7.2　使用夹点编辑对象

通过选择方块夹点可以编辑对象，如拖动夹点执行拉伸、移动、旋转、缩放或镜像等操作，这些编辑操作称为夹点模式。

1. 热夹点

当鼠标移动到夹点方块附近时，可以感觉到夹点对光标具有"吸引"作用，使光标吸附在该夹点上，方块夹点变色（默认为红色），单击鼠标后，该夹点成为选中状态，显示"选中夹点颜色"（默认变为深红），这个选中夹点就称为热夹点。热夹点就作为夹点模式编辑操作基点。

2. 多热夹点的选择与修改

可以选择多个夹点作为操作的基点。要选择多个夹点，要先按住"Shift"键，再点击选择夹点。若取消选中的夹点，则再次单击该夹点。

3. 使用夹点编辑对象

在选择热夹点之后，系统进入夹点模式。夹点模式有5种：拉伸、移动、旋转、比例缩放和镜像。拉伸是默认方式，可以通过空格键、"Enter"键或者选中热夹点的右键快捷菜单等几种方式依次循环切换为"移动""旋转""比例缩放""镜像""拉伸"。

1）拉伸模式

可以通过将选定的夹点移动到新位置来拉伸对象。命令提示：

**拉伸 **

指定拉伸点或 [基点（B）/复制（C）/放弃（U）/退出（X）]：

2）移动模式

可以通过选定的夹点移动对象，选定的对象被亮显并按指定的下一点位置移动一定的方向和距离。命令提示：

** MOVE **

指定移动点或 [基点（B）/复制（C）/放弃（U）/退出（X）]：

3）旋转模式

可以通过拖动和指定点位置，还可以输入角度值来绕基点旋转所选定的对象。命令提示如下：

** 旋转 **

指定旋转角度或 [基点（B）/复制（C）/放弃（U）/参照（R）/退出（X）]：

4）比例缩放模式

可以相对于基点缩放选定对象。通过从基点向外拖动并指定点位置来增大对象尺寸或者通过向内拖动减小尺寸，也可以为相对缩放输入一个值。命令提示：

指定旋转角度或 [基点（B）/复制（C）/放弃（U）/参照（R）/退出（X）]：

** 比例缩放 **

指定比例因子或 [基点（B）/复制（C）/放弃（U）/参照（R）/退出（X）]:

5）镜像模式

可以沿临时镜像线为选定对象创建镜像。

** 镜像（多重）**

指定第二点或 [基点（B）/复制（C）/放弃（U）/退出（X）]:

【例4.3】使用夹点编辑功能，编辑图4.8所示的五角星的原图。

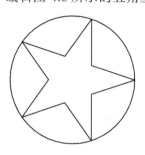

图4.8　五角星的原图

① 用"工具"→"选项"对话框中的"选项集"选项卡，对夹点显示进行设置，如图4.9所示。

② 点击图形，选中夹点，如图4.9所示。

③ 点击鼠标左键，按住夹点，移动鼠标，实现了用夹点拉伸，如图4.10所示。

④ 移动到所需要的位置，点击鼠标左键，实现了利用夹点移动，如图4.11所示。

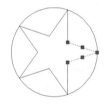　　

图4.9　选中夹点　　　　图4.10　利用夹点拉伸　　　　图4.11　利用夹点移动

4.8　图形显示控制

在绘制和编辑图形的过程中，用户常常会调整图形的显示来观察图形的全局或者局部，包括对图形缩小显示、放大显示和平移等操作。AutoCAD提供了多种图形显示的控制命令来改变图形显示方式，方便对图形观察，同时不会改变图形的实际尺寸和图形元素间的相对位置关系。

4.8.1 重画和重生成

在使用 AutoCAD 软件绘图过程中，可能会产生一些临时标记或者显示不全，如圆及其切线会出现残缺，显示变成了多边形且切点分离，这些都给用户绘图带来不利影响，为了消除这些"痕迹"，真实显示图形，可以使用重画或重生成命令进行修改。

1. 重　画

重画命令有以下两种：

（1）刷新当前视口的显示的调用方法：命令行输入 REDRAW。

（2）刷新所有视口的显示的调用方法：命令行输入 REDRAWALL 或者使用菜单"视图（V）→重画（R）"。

如果重画还不能正确显示图形，使用重生成。

2. 重生成

重生成可以刷新显示，而且更新图形数据库中所有图形对象坐标，但注意当图形复杂的时候，使用重生成命令所用的时间要比重画所用的时间长得多。重生成命令有两种：

（1）重生成图形并刷新当前视口的显示，其调用方法：命令行输入 REGEN 或者使用菜单"视图（V）→重生成（G）"。

（2）重生成图形并刷新所有视口的显示，其调用方法：命令行输入 REGENWALL 或者使用菜单"视图（V）→全部重生成（A）"。

4.8.2 图形显示缩放

在 AutoCAD 中，通过缩放视图改变图形对象显示的大小，而保持图形的实际尺寸不变来观察图形。常用的图形缩放的方法有实时缩放、窗口缩放、全部缩放。

1. 命令启动方法

（1）菜单栏：视图（V）→缩放（Z）→各种子菜单，如图 4.12 所示。

（2）命令行：ZOOM。

（3）工具栏：点击工具栏上的按钮。

（4）鼠标动作："推拉"滚轮为缩放。

2. 缩放类型

1）实时缩放

鼠标会变成"放大镜"形状，在绘图区中拖动放大镜，即可对图形缩放。向下方拖动为缩小图形，向上方拖动为放大图形。

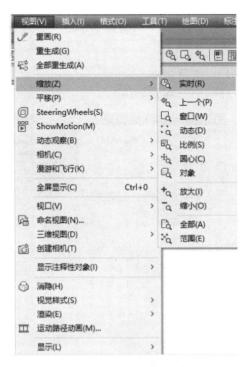

图 4.12　图形显示缩放菜单

2）全部缩放

能快速显示整个图形中的所有对象。在平面视图中，全部缩放以图形界限或者当前图形范围为显示边界。如果图形延伸到图形界限以外，则仍显示图形中的所有对象，此时的边界是图形范围。

3）范围缩放

它始终以图形范围为其缩放基础，尽可能大地显示整个图形。只要图形不变，任何时候执行"范围缩放"都将产生同样的效果，而"全部缩放"则不同，即使图形没变，但只要图形界限变了，它的结果也随之发生变化。

4）窗口缩放

放大某一区域时，AutoCAD 会提示先输入第一个对角点，将十字光标移动到其附近单击，选定后又会提示输入另一个对角点，移动光标，拉出一个矩形框，再单击第二点。只要将放大的区域包含在矩形选择框内，便会将选定的区域满屏显示。

4.8.3　图形显示平移

使用平移命令，可以重新定位图形，以便清楚地观察图形的其他部分。使用该命令视图的显示比例不变，图形可以上、下、左、右平移视图，还可以使用"实时"和"定点"命令平移视图。

1. 命令启动方法

（1）菜单栏：视图（V）→平移（P）→各种子菜单，如图 4.13 所示。

（2）命令行：PAN。

（3）工具栏：点击工具栏上的按钮🖐。

（4）鼠标动作：拖动鼠标的中间键为平移。

图 4.13　图形显示平移菜单

2. 平移类型显示

1）实时平移

当光标变成"手掌"形状，只要按住鼠标左键，图形将随着"手掌"一起移动，移动到合适位置后松开鼠标左键，按"Esc"键或者"Enter"键，可退出实时平移。

2）定点平移

按照提示指定基点和第二点，视图将沿着两点的连线向第二点移动，移动的距离为两点间的距离。

习　题

4-1　按照图 4.14 所示的尺寸先绘制图 4.14（a），再运用本章学习的编辑命令把图 4.14（a）所示的图形编辑成图 4.14（b）所示的图形（不标注尺寸）。

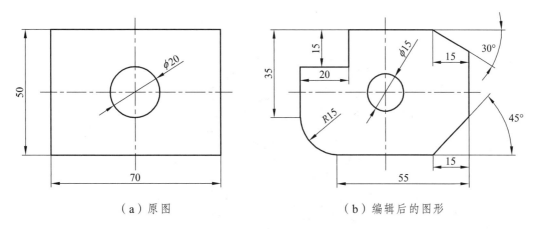

（a）原图　　　　　　　　　　　　　　（b）编辑后的图形

图 4.14　题 4-1 图

4-2　根据下列图形标注，采用相关方法完成图 4.15（a）、（b）、（c）和（d）所示的图形绘制。

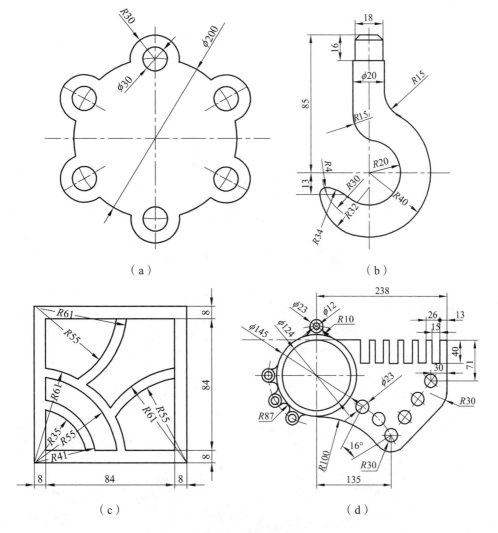

（a）　　　　　　　　　　　　　　　　（b）

（c）　　　　　　　　　　　　　　　　（d）

图 4.15　题 4-2 图

4-3 根据图 4.16 所示的图形的标注，采用相关方法完成绘制。

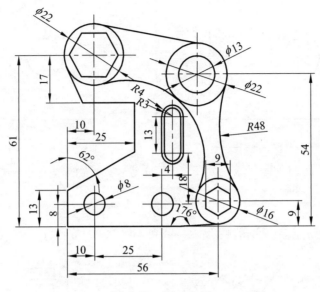

图 4.16 题 4-3 图

5　块属性与工程标注

本章主要学习机械制图的尺寸标注、文字标注、尺寸公差、几何公差以及表面粗糙度的标注。由于表面粗糙度标注时采用块来实现，所以本章也介绍了如何创建块和使用块。

学习目标：理解块的概念，掌握创建、编辑块及插入块的方法。掌握创建标注样式的方法，掌握长度、角度、直径、半径以及尺寸公差和几何公差的标注方法，熟悉编辑尺寸文字和调整标注位置的方法。

5.1　块与块属性

利用 AutoCAD 绘制工程图样时，常常要画一些常用的图形符号，如螺栓、螺母、表面粗糙度等。为了避免绘图的重复，提高绘图效率，可以将这些常用的图形或符号作为一个整体定义为块，存放在一个图形库中，根据实际需要，这些被定义为块的图形可以任意的比例和方向插入其他图形的任意位置，且插入的次数不受任何限制。

5.1.1　块建立与使用

1. 块的特点

1）减少绘图时间，提高工作效率

实际绘图中，经常会遇到需要重复绘制的相同或相似的图形，使用块可以减少绘制这类图形的工作量，提高绘图效率。

2）节省存储空间

当向图形增加对象时，图形文件的容量也会增加，AutoCAD 会保存图形中每个对象的大小与位置信息，如点、比例、半径等。定义成块以后可以把几个对象合并为一个单一符号，块中所有对象具有单一比例、旋转角度、位置等属性。所以插入块可以节省存储空间。

3）便于修改图样

当块图形需要做较大的修改时，可以通过重定义块，自动修改以前图中所插入的块，而无须在图上修改每个插入块的图形，方便图样的修改。

4）块中可以包含属性（文本信息）

有时图块中需要加文本信息以满足生产与管理上的要求。而通过定义块属性可以方便地为图形加入所需的文本信息。

2. 块的建立

1) 命令启动方法

① 菜单栏：绘图（D）→块（K）→创建（L）。

② 工具栏：点击"绘图"工具栏上的按钮 🔳。

③ 命令行：BLOCK。

2) 命令选项说明

命令执行后弹出如图 5.1 所示的"块定义"对话框。

图 5.1 "块定义"对话框

（1）"名称"文本框：用于输入指定的块名，块名可以由字母、数字等组成，不能超过 255 个字符。文件中包括多个块时，可以在下拉列表框中选择已经存在的块。

（2）"基点"区域：基点是插入图块时的参考点，可以用捕捉拾取一点作为基点。也可以直接输入基点的 X、Y、Z 的坐标值。一般基点选择在块的对称中心、左下角或特殊的位置。

（3）"对象"区域：确定组成块的图形对象。可以采用单击的方式来选择实体。单击"选择对象"按钮，命令行将提示"选择对象"，选择对象后返回原对话框。

① 保留：表示保留构成块的对象。将所选对象定义为块后，构成块的对象仍以原来的状态保留在屏幕上。

② 转换为块：表示将构成块的对象同时转换为块并且保留在屏幕上。

③ 删除：表示定义块后将构成块的对象从当前图形中删除。

（4）"块单位"：设置从 AutoCAD 设计中心中拖动块时的缩放单位。

（5）"说明"：在文本框中输入对当前块的说明。

（6）"超链接"按钮：单击该按钮可以打开"插入超链框"，在对话框中插入超链接文档。

（7）"方式"选项区：指定组成块的对象的显示方式。

① 按统一比例缩放：该复选框如果被选中，则强制在 3 个坐标方向来用相同的比例因子插入块，否则允许沿各坐标轴方向来用不同比例缩放块图形。

② 允许分解：该复选框如果被选中，则插入块的同时块被分解，即分解成组成块的各基本对象。

【例 5.1】创建表面粗糙度符号块。

在 AutoCAD 中，没有直接标注表面粗糙度的功能，常常采用块来定义。操作步骤如下：

① 绘制表面粗糙度符号。

根据机械制图的要求按表面粗糙度符号与字高的比例关系（A 为字高，设 $A = 5$），绘制粗糙度符号。

② 创建表面粗糙度符号块。

命令：_block

指定插入基点：

选择对象：指定对角点：找到 6 个

选择对象：

③ 块定义对话框的设置见图 5.2。

图 5.2　定义"粗糙度"块的对话框

在"名称"列表框中输入块名"粗糙度符号"。

在"基点"选项区单击"拾取点"按钮，然后拾取粗糙度符号顶点作为基点位置。

在"对象"选项区中选择"转换为块"单选按钮，再单击"选择对象"按钮，选择表面粗糙度符号图形，按"Enter"键返回到"块定义"对话框。

设置完成，点击确定按钮完成块的定义。

3. 块的存储

用"块"命令定义的块是一个内部块，只能在定义该块的图形中调用它。如果要将块插入到其他图形文件中，则必须要将块作为文件存盘，生成块文件。

1）命令启动方法

命令行：WBLOCK。

2）命令选项说明

命令执行后弹出如图 5.3 所示的"块存储"对话框。

图 5.3 "块存储"对话框

（1）"源"区域：用于确定块文件的来源。

① "块（B）"：将定义好的块保存为图形文件。

② "整个图形（E）"：把当前整个图形保存为图形文件。

③ "对象（O）"：用于指定需要写入磁盘的块对象。

（2）"基点"区域：用于确定块插入时的参考点。

（3）"对象"区域：用于选择组成块的对象。

（4）"目标"区域：用于指定块文件的名称、存盘路径和块文件插入时采用的单位。

4. 块的插入

插入块是指将块或已有的图形插入到当前图形文件中。

1）命令启动方法

① 菜单栏：插入（I）→ 块（B）。

② 工具栏：点击"绘图"工具栏上的按钮 。

③ 命令行：INSERT。

2）命令选项说明

命令执行后弹出如图 5.4 所示的"插入"图块对话框。

① "名称"：用户可以指定或输入要插入的块名或图形文件名。

② "浏览"：单击该按钮将打开"选择图形文件"对话框。

③ "插入点"：用以指定块的插入点，可以在 X、Y 和 Z 编辑框中直接输入点的坐标，也可以选中"在屏幕上指定"复选框后在图形显示窗口中指定块的插入点。

④ "比例"：确定块的插入比例。在该区域中，用户可以指定块插入时 X、Y 和 Z 3 个方向上不同的比例因子。如果选中了"统一比例"复选框，则强制在 3 个方向采用相同的比例因子。

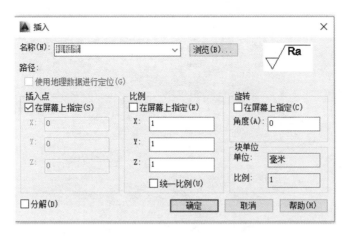

图 5.4 "插入" 图块对话框

⑤ "旋转"：确定块插入时的旋转角度。可直接在"角度"文本框中输入旋转角度值；也可以选中"在屏幕上指定"复选框，在图形区域中指定一点，则该点与插入点连线同 X 轴正向的夹角即为块插入时的旋转角。

⑥ "分解"：如果勾选，则插入块的同时块被分解。

5.1.2　块属性

块除了包含图形对象以外，还可以具有非图形信息，例如把一辆小轿车的图形定义为块后，还可以把小轿车的型号、质量、价格、出厂日期以及说明等文本信息一并加入块当中。块的这些非图形信息，叫作块的属性。它是块的一个组成部分，与图形对象一起构成一个整体。在插入块时，AutoCAD 把图形对象连同属性一起插入到图形中。

1. 定义块属性

1）命令输入方式

① 菜单栏：绘图（D）→ 块（B）→定义属性（D）。

② 命令行：ATTDET（快捷命令：ATT）。

2）命令选项说明

命令执行后弹出如图 5.5 所示的"属性定义"对话框。

（1）"模式"选项组：用于确定属性的模式。

① "不可见"：勾选此复选框，属性为不可见显示方式，即插入块并输入属性值后，属性值在图中并不显示出来。

② "固定"复选框：勾选此复选框，属性值为常量，即属性值在属性定义时给定，在插入块时系统不再提示输入属性值。

③ "验证"复选框：勾选此复选框，当插入块时，系统重新显示属性值提示用户验证该值是否正确。

图 5.5　"属性定义"对话框

④　"预设"复选框：勾选此复选框，当插入块时，系统自动把事先设置好的默认值赋予属性，而不再提示输入属性值。

⑤　"锁定位置"复选框：锁定块参照中属性的位置。解锁后，属性可以相对于使用夹点编辑块的其他部分移动，并且可以调整多行文字属性的大小。

⑥　"多行"复选框：勾选此复选框，可以指定属性值包含多行文字，可以指定属性的边界宽度。

（2）"属性"选项组：用于设置属性值。每个文本框中，AutoCAD 允许输入不超过 256 个字符。

①　"标记"文本框：输入属性标签。属性标签可由除空格和感叹号以外的所有字符组成，系统自动把小写字母改为大写字母。

②　"提示"文本框：输入属性提示。属性提示是插入块时系统要求输入属性值的提示，如果不在此文本框中输入文字，则以属性标签作为提示。如果在"模式"选项组中勾选"固定"复选框，即设置属性为常量，则不需设置属性提示。

③　"默认"文本框：设置默认的属性值，可把使用次数较多的属性值作为默认值，也可不设默认值。

（3）"插入点"选项组：用于确定属性文本的位置。可以在插入时由用户在图形中确定属性文本的位置，也可以在 X、Y、Z 文本框中直接输入属性文本的位置坐标。

（4）"文字设置"选项组：用于设置属性文本的对齐方式、文本样式、字高和倾斜角度。

（5）"在上一个属性定义下对齐"复选框：勾选此复选框，表示把属性标签直接放在前一个属性的下面，而且该属性继承前一个属性的文本样式、字高和倾斜角度等特性。

2. 修改块属性

1）命令启动方法

①　菜单栏：修改（M）→对象（O）→文字（T）→编辑（E）。

②　命令行：DDEDIT。

③　鼠标：双击块属性。

2）命令选项说明

命令执行后，AutoCAD 提示选择注释对象，在该提示下选择块属性后，AutoCAD 打开"增强属性编辑器"对话框，如图 5.6 所示。

图 5.6 "增强属性编辑器"对话框

①"属性"选项卡。

在列表框中显示出块中的每个属性的标记、提示和值，在列表框中选择某一属性，会在"值"文本框中显示出对应的属性值，并允许修改数值，如图 5.6 所示。

②"文字选项"选项卡。

如图 5.7 所示，该对话框可以编辑块属性的文字样式，并可设置文字。

图 5.7 "文字选项"选项卡

③"特性"选项卡。

如图 5.8 所示，该对话框可以编辑块特性，包括图层、线型、颜色等特征值。

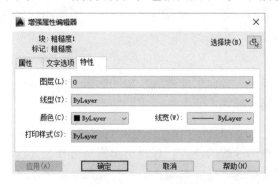

图 5.8 "特性"选项卡

3．编辑块属性

当属性被定义到块当中，甚至块被插入图形当中之后，用户还可以对块属性进行编辑。利用 EATTEDIT 命令可以通过对话框对指定图块的属性值进行修改，不仅可以修改属性值，而且可以对属性的位置、文本等其他设置进行编辑。

1）命令输入方式

菜单栏：修改（M）→对象（O）→属性（A）→单个（S）。

工具栏：单击"修改Ⅱ"工具栏中的"编辑属性"按钮 。

命令行：EATTEDIT。

2）命令选项说明

执行该命令后，在"选择块："的提示下选择块属性后，AutoCAD 也打开"增强属性编辑器"对话框，见上述说明。

5.2　尺寸标注

图形用来表达物体的形状，而尺寸用来确定物体的大小和各部分之间的相对位置，因此尺寸标注是绘图设计中的一项重要内容。

5.2.1　尺寸标注的基础知识

1. 尺寸标注的组成

在工程制图中，一组完整的尺寸是由尺寸界线、尺寸线、尺寸线终点符号和尺寸文本组成的。

1）尺寸界线

尺寸界线是从标注起点引出的标明标注范围的直线，用实线绘制，从图形的轮廓线、轴线、中心线引出，与尺寸线垂直并超出尺寸线 2 mm 左右。轮廓线、轴线、中心线本身也可以作尺寸界线。

2）尺寸线

尺寸线表明标注的范围，必须用细实线单独绘出，不能用任何线型代替，也不能与任何图线重合。

3）箭　头

箭头位于尺寸线的两端，指向尺寸界线，用于标记标注的起始、终止位置。箭头是一个广义的概念，可以有不同的样式。

4）尺寸文字

线性尺寸一般标注在尺寸线的上方，有时也允许填写在尺寸线的中断处，同一张图中尺寸文字的大小应一致。文字的方向应与尺寸线平行。尺寸文字不能被任何图线通过，如有重叠，其他图线均应断开。

2. 尺寸标注的原则

为了尺寸标注的统一和绘图的方便，在 AutoCAD 绘图中标注尺寸应遵循以下原则：

（1）尺寸标注建立专用图层，利用该专用图层，可以控制尺寸的显示和隐藏，以便于修改、浏览。

（2）依据国家机械制图技术标准，设置好尺寸样式和文字标注的样式。

（3）物体的真实大小应以图样上所标注的尺寸数值为依据，与图形的大小及绘图的比例无关。

（4）标注尺寸时要充分利用对象捕捉功能准确标注尺寸，可以获得正确的尺寸数值，同时将尺寸标注设成关联，以便于同步改变。

（5）在标注尺寸时，为了减少图线的干扰，可以将无关尺寸标注的图层关闭。

3. 尺寸标注的步骤

1）创建尺寸标注的图层

在"格式"→"图层"命令下，打开图层特性管理器的对话框创建一个独立的图层，用于尺寸标注。

2）创建用于尺寸标注用的文字样式

在"格式"→"文字样式"命令下，打开文字样式对话框创建一种文字样式，用于尺寸文本标注。

3）创建尺寸标注样式

标注样式是尺寸标注对象的组成方式，如标注文字的位置、大小、箭头的形状等。设置尺寸标注样式可以有效控制尺寸标注的格式和外观、有利于执行相关的绘图标准。在"格式"→"标注样式"命令下，打开标注样式管理器对话框，在其中设置标注样式。

4）标注尺寸

使用对象捕捉等工具，对图形中的对象进行尺寸标注。

5.2.2 尺寸样式设定

在对图样进行标注时，如果仅使用系统提供的默认标注样式，不能完全满足图形标注的要求。因此，用户在标注尺寸之前，按照机械制图的标准，创建或修改当前标注的样式。

1. 命令启动方法

（1）菜单栏：格式（O）→标注样式（D）或者标注（N）→标注样式（S）。
（2）工具栏：点击标注工具栏上的按钮 。
（3）命令行：DIMSTYLE。

2. 命令执行与选项说明

执行命令后，打开如图 5.9 所示的"标注样式管理器"对话框。

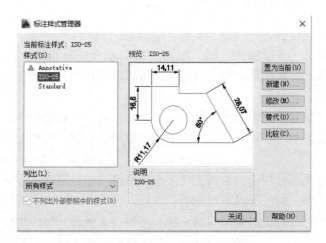

图 5.9 "标注样式管理器"对话框

① 当前标注样式：列表显示了目前图形中定义的标注样式。

② 样式列表框：可以选择列出"所有样式"或只列出"正在使用的样式"。

③ 预览：在"样式"列表框中所选中的尺寸样式的标注结果，即图形显示设置的结果。

④ 说明：显示在"样式"列表框中所选定尺寸样式的说明。

⑤ 置为当前（U）：将所选的样式设置为当前样式，在随后的标注中，将采用该样式标注尺寸。

⑥ 新建（N）：新建一种标注样式。单击该按钮，将弹出"新建标注样式"对话框。

⑦ 修改（M）：显示"修改标注样式"对话框，从中可以修改标注样式。对话框选项与"新建标注样式"对话框中选项相同。

⑧ 替代（O）：显示"替代当前样式"对话框，从中可以设定标注样式的临时替代值。对话框选项与"新建标注样式"对话框中选项相同。替代将作为未保存的更改结果显示在"样式"列表中的标准样式下。

⑨ 比较（C）：显示"比较标注样式"对话框，从中可以比较两个标注样式或列出一个标注样式的所有特性。

3. 新建标注样式

1）方　法

在弹出的如图 5.9 所示的对话框中点击"新建（N）"按钮，将打开"创建新标注样式"对话框，如图 5.10 所示。

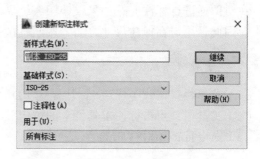

图 5.10 "创建新标注样式"对话框

可以在"新样式名"框中输入创建标注的名称；在"基础样式"的下拉列表框中可以选择一种已有的样式作为该新样式的基础样式，单击"用于"下拉列表框，可以选择该新样式适用的标注类型，完成后点击"继续"按钮，弹出"新建标注样式"对话框，如图 5.11 所示。

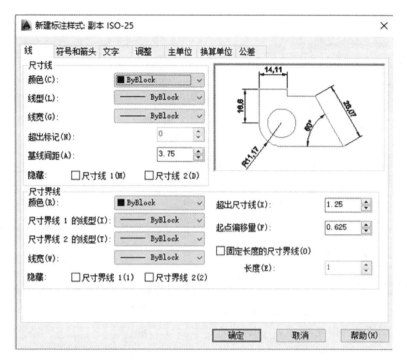

图 5.11 "新建标注样式"对话框。

2）新建样式对话框选项卡

在打开的新建标注样式对话框中，包括"线""符号和箭头""文字""调整""主单位""换算单位"和"公差"等选项卡。

① 线：该选项的作用是设置尺寸线、尺寸界线的格式和位置。

尺寸线：用来设置尺寸线的颜色、线型、线宽、尺寸线超出以及尺寸线的隐藏。

尺寸界线：用来设置尺寸界线的颜色、线型、线宽、尺寸线超出以及尺寸界线的隐藏。

② 符号和箭头：包括箭头、圆心标记、折断标注、弧长符号以及半径折弯标注和线型折弯标注，如图 5.12 所示。

箭头：用于设置箭头的形式和大小。

圆心标记：设置直径标注和半径标注的圆心标记和尺寸线的外观及大小。

折断标准：控制折断标注的间距宽度，在随后的编辑框中设定折断大小数值。

弧长符号：控制弧长标注中圆弧符号的显示和弧长符号的放置位置。"标注文字的前缀"表示将弧长符号放置在标注文字之前，"标注文字的上方"可以将弧长符号放置在标注文字的上方。

半径折弯标注：设置半径折弯标注时的角度，默认为"45°"。

线性折弯标注：控制线性标注折弯的显示。当标注不能精确表示实际尺寸时，通常将折弯线添加到线性标注中。

③ 文字：该选项卡用于设置尺寸文本的形式、位置和对齐方式，如图 5.13 所示，包括"文字外观""文字位置"和"文字对齐"。

图 5.12 "符号和箭头"选项卡

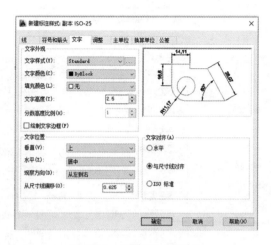

图 5.13 "文字"选项卡

"文字外观"：用于设置文字样式、文字颜色、填充颜色、文字高度等。"文字样式"可以通过右边的下拉列表，也可从前面设置的文字样式中选择尺寸文字的样式。"文字高度"用于指定标注文字的高度，以文字样式中设定的文字高度为准。

"文字位置"：用于设置尺寸标注文字相对于尺寸线的位置。下拉列表包含有各选项的不同效果，可通过右上角的预览项目来观察。系统默认文字的位置垂直向上，水平居中。

"文字对齐"：用于设置文字对齐的方式。ISO 标准规定，当文字在尺寸界线内时，文字与尺寸线对齐。当文字在尺寸界线外时，文字水平排列。

④ 调整：该选项卡用于设置尺寸文字、尺寸箭头的标注位置以及标注特征比例等，如图 5.14 所示。

⑤ 主单位：该选项卡用于设置尺寸标注的主单位的格式、精度以及尺寸文字的前缀和后缀，如图 5.15 所示。

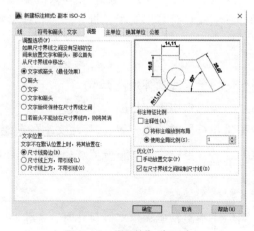

图 5.14 "调整"选项卡

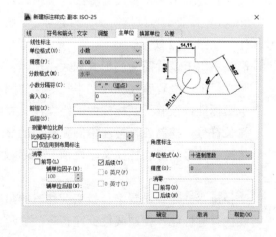

图 5.15 "主单位"选项卡

线性标注：设置标注的精度，也就是线型尺寸的小数点后面的位数，前缀是指尺寸文字前面的一些符号，如直径尺寸前缀是"ϕ"，半径尺寸前缀是"R"。

角度标注：设置角度标注的单位格式和精度。其中单位的格式可以是"十进制数""度/分/秒""百分度"和"弧度"等。

⑥ 公差：用于设置尺寸文字中公差的显示与格式，如图 5.16 所示。

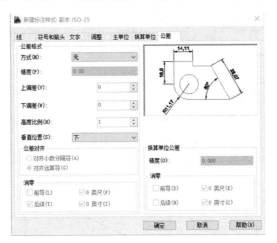

图 5.16 "公差"选项卡

公差格式：包括方式、精度和上下偏差等。

"方式"用于设定公差标注的类型，其下拉列表中包含有"对称""极限偏差""极限尺寸"和"基本尺寸"。

"精度"是设置上、下偏差的精度，主要是小数点后显示的位数。

"高度比例"：用于设置公差文字与标注文字的高度比。

"垂直位置"：用于对称公差和极限公差标注时，指定偏差数值与基本尺寸之间的位置关系。

5.2.3 尺寸标注命令

在设定好尺寸样式后，即可采用设定好的尺寸样式进行尺寸标注。按照所标对象的不同，可以将尺寸标注分成长度类尺寸标注、圆弧形尺寸标注、角度标注、坐标标注和引出标注。

1. 线性尺寸标注

线性尺寸标注指两点之间的水平或垂直距离尺寸，或者也可以是旋转一定角度的直线尺寸。

1）命令启动方法

① 菜单栏：标注（N）→线性（L）。

② 工具栏：点击标注工具栏上的按钮⊢⊣。

③ 命令行：DIMLINEAR。

2）命令执行与选项说明

命令启动后提示如下信息：

命令：_dimlinear

指定第一个尺寸界线原点或<选择对象>：

指定第二条尺寸界线原点：

指定尺寸线位置或[多行文字（M）/文字（T）/角度（A）/水平（H）/垂直（V）/旋转（R）]：

① 多行文字（M）：打开"多行文字编辑器"对话框，编辑标注文字。

② 文字（T）：在命令行重新输入标注文字内容。

③ 角度（A）：指定标注文字的旋转角度。

④ 水平（H）：控制尺寸线为水平方向，可用于标注水平尺寸。

⑤ 垂直（v）：控制尺寸线为垂直方向，可用于标注垂直尺寸。

⑥ 旋转（R）：设置尺寸线的旋转角度。

【例 5.2】绘制如图 5.17 所示的图形并标注尺寸。

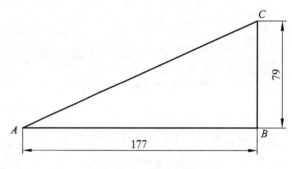

图 5.17　尺寸标注

命令：_dimlinear

指定第一条尺寸界线原点或<选择对象>：点取 A 点

指定第二条尺寸界线原点：点取 B 点

指定尺寸线位置或

[多行文字（M）/文字（T）/角度（A）/水平（H）/垂直（V）/旋转（R）]：

标注尺寸 = 177

指定第一个尺寸界线原点或<选择对象>：点取 B 点

指定第二条尺寸界线原点：点取 C 点

指定尺寸线位置或

[多行文字（M）/文字（T）/角度（A）/水平（H）/垂直（V）/旋转（R）]：

标注尺寸 = 79

2. 对齐尺寸标注

用于标注倾斜对象的尺寸，并保证尺寸线与标注对象平行。

1）命令启动方法

① 菜单栏：标注（N）→ 对齐（G）。

② 工具栏：点击标注工具栏上的按钮 。

③ 命令行：DIMALIGNED。

2）选项说明

命令启动后提示如下信息：

命令：_dimaligned

指定第一个尺寸界线原点或<选择对象>：

指定第二条尺寸界线原点：

指定尺寸线位置或[多行文字（M）/文字（T）/角度（A）]：

执行该命令后，AutoCAD 要求指定两条尺寸界线的起点，并自动计算两个尺寸界线起点之间的距离，然后标注其测量值。尺寸线与两个尺寸界线的起点构成的直线平行。为了准确地标注尺寸，选择尺寸界线时应采用目标捕捉方式拾取图形。

多行文字（M）/文字（T）/角度（A）选项的说明与线性尺寸标注的含义类似。

【例 5.3】绘制如图 5.18 所示的图形并标注尺寸。

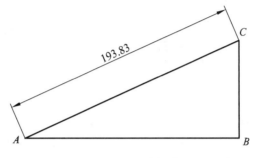

图 5.18　尺寸标注

命令：_dimaligned

指定第一个尺寸界线原点或<选择对象>：点取 A 点

指定第二条尺寸界线原点：点取 C 点

指定尺寸线位置或[多行文字（M）/文字（T）/角度（A）]：

标注文字 = 193.83

3. 弧长标注

用于标注倾斜对象的尺寸，并保证尺寸线与标注对象平行。

1）命令启动方法

①菜单栏：标注（N）→ 弧长（H）。

②工具栏：点击标注工具栏上的按钮 。

③命令行：DIMARC。

2）命令执行与选项说明

命令启动后提示如下信息：

命令：_dimarc

选择弧线段或多段线圆弧段：

指定弧长标注位置或 [多行文字（M）/文字（T）/角度（A）/部分（P）/]：

执行该命令后，AutoCAD 要求选择圆弧线段或多段线弧线段，即可对所选择的圆弧线标注弧长。

部分（P）：只标注圆弧中的部分弧线的长度，此时 AutoCAD 提示分别指定弧长标注的第一个点、指定弧长标注的第二个点来设置标注圆弧的起点和终点，如图 5.19 所示。

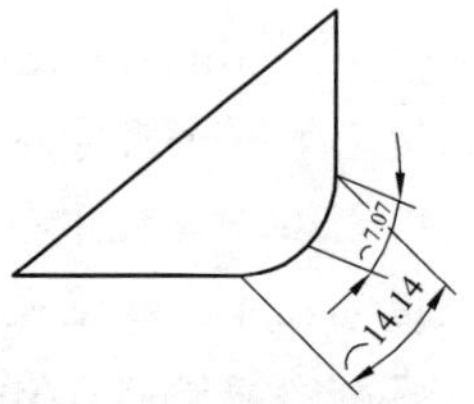

图 5.19　圆弧标注示例

4. 基线标注

指把一个尺寸的第一个尺寸界线的起点作为基线标注几个尺寸，每个尺寸的第一个尺寸界线的起点与前一个尺寸的第一个尺寸界线的起点重合，以快速进行标注，无须手动设置两条尺寸线之间的间隔。

1）命令启动方法

①菜单栏：标注（N）→基线（B）。

②工具栏：点击标注工具栏上的按钮 ⊟。

③命令行：DIMBASELINE。

2）命令执行与选项说明

命令启动后提示如下信息：

命令：_dimbaseline

选择基准标注：

指定第二条尺寸界线原点或 [放弃（U）/选择（S）] <选择>：

标注文字（自动测量值）

指定第二条尺寸界线原点或 [放弃（U）/选择（S）] <选择>：

标注文字（自动测量值）

指定第二条尺寸界线原点或 [放弃（U）/选择（S）] <选择>：

5. 连续标注

连续标注是指每个尺寸的第一条尺寸界线的起点与前一个尺寸的第二条尺寸界线的起点相重合，各个尺寸的尺寸线平齐。图 5.20 所示是一个首尾相连的若干个连续尺寸，可以进行连续标注。

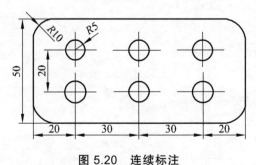

图 5.20　连续标注

1）命令启动方法

① 菜单栏：标注（N）→连续（C）。

② 工具栏：点击标注工具栏上的按钮 ⊞。

③ 命令行：DIMCONTINUE。

2）命令执行与选项说明

标注如图 5.20 所示的连续尺寸，具体执行如下：

命令：_dimcontinue

选择连续标注：

指定第二条尺寸界线原点或 [放弃（U）/选择（S）] <选择>：

标注文字（自动测量值）

指定第二条尺寸界线原点或 [放弃（U）/选择（S）] <选择>：

标注文字（自动测量值）

指定第二条尺寸界线原点或 [放弃（U）/选择（S）] <选择>：

标注文字（自动测量值）

指定第二条尺寸界线原点或 [放弃（U）/选择（S）] <选择>：

其中，各参数含义如下：

（1）"放弃（U）"：用于撤销前一个连续标注。

（2）"选择（S）"：用于重新指定连续标注第一尺寸界线的位置。

注意：在进行连续标注之前，必须先标注出至少一个线性尺寸或角度尺寸，以便在连续标注时有共用的尺寸界线。

6. 直径标注

1）命令启动方法

① 菜单：标注（N）→直径（D）。

② 工具栏：点击标注工具栏上的按钮 ⊘。

③ 命令行：DIMDIAMETER。

2）命令执行与选项说明

命令：_dimdiameter

选择圆弧或圆：

标注文字 = 测量值

指定尺寸线位置或 [多行文字（M）/文字（T）/角度（A）]：

命令执行过程中，AutoCAD 会自动测量出该圆或圆弧的直径值为尺寸标注的默认值，注写圆或圆弧的直径值时会自动为默认值加上前缀 "ϕ"。同时，AutoCAD 自动地把圆或圆弧的轮廓线作为尺寸界线，而尺寸线则为指定尺寸线位置定义点上的径向线。

7. 半径标注

1）命令启动方法

① 菜单：标注（N）→半径（R）。

② 工具栏：点击标注工具栏上的按钮 。
③ 命令行：DIMRADIUS。

2）命令执行与选项说明

命令：_dimradius

选择圆弧或圆：

标注文字＝测量值

指定尺寸线位置或 [多行文字（M）/文字（T）/角度（A）]：

命令执行过程中，AutoCAD 会自动测量出该圆或圆弧的半径值作为尺寸标注的默认值，注写圆或圆弧的半径值时，会自动为默认值加上前缀"*R*"。同时，AutoCAD 自动地把圆或圆弧的轮廓线作为尺寸界线，而尺寸线则为指定尺寸线位置定义点上的径向线。

8. 折弯半径标注

1）命令启动方法

① 菜单：标注（N）→折弯（J）。

② 工具栏：点击标注工具栏上的按钮 。

③ 命令行：DIMJOGGED。

2）命令执行与选项说明

命令：_dimjogged

选择圆弧或圆：

指定图示中心位置：

标注文字＝测量值

指定尺寸线位置或 [多行文字（M）/文字（T）/角度（A）]：

指定折弯位置：

① 指定图示中心位置：确定折弯尺寸线的起点。

② 指定尺寸线位置：确定折弯尺寸线的位置。

折弯半径标注与半径标注方法基本相同，但需要指定一个位置代替圆弧的圆心，常用在较大圆弧，并需指明一个圆心坐标的场合。

9. 角度标注

1）命令启动方法

① 菜单：标注（N）→角度（A）。

② 工具栏：点击标注工具栏上的按钮 。

③ 命令行：DIMANGULAR。

此命令用于标注两直线夹角、圆弧的圆心角、圆周上某段圆弧的圆心角以及根据给定的三点标注角度。国家机械制图标准要求角度的尺寸数字必须水平书写。

2）命令执行与选项说明

命令：_dimangular

选择圆弧、圆、直线或<指定顶点>：

选择第二条直线：

指定标注弧线位置或 [多行文字（M）/文字（T）/角度（A）/象限点（Q）]：

标注文字 = 测量值

① 选择圆弧、圆、直线：选择角度标注的对象。如果直接回车，则为指定顶点确定标注角度。

② 指定顶点：指定角度的顶点和两个端点来确定角度。

③ 指定角的第二个端点：如果选择了圆，则出现该提示。角度以圆心为顶点，以选择圆弧时的拾取点为第一个端点，此时指定第二个端点即自动标注出大小。

④ 指定标注弧线位置：确定圆弧尺寸线的摆放位置。

⑤ 角度（A）：设定文字的倾斜角度。

⑥ 象限点（Q）：将标注出被指定的象限区域的角度。

10. 坐标尺寸标注

1）命令启动方法

① 菜单：标注（N）→坐标（O）。

② 工具栏：点击标注工具栏上的按钮 🔳。

③ 命令行：DIMORDINATE。

此命令用于标注目标点相对于用户坐标系原点的坐标。坐标标注不带尺寸线，有一条延伸线和文字引线。

2）命令执行与选项说明

命令：_dimordinate

指定点坐标：

指定引线端点或 [X 基准（X）/Y 基准（Y）/多行文字（M）/文字（T）/角度（A）]：

标注文字 = 测量值

在创建坐标标注之前，通常要设置 UCS 原点以与基准点相符。指定目标点后，在默认情况下，指定的引线端点将自动确定是创建 X 基准坐标标注还是 Y 基准坐标标注，这取决于光标的位置。

① 指定点坐标：指定目标点。

② 指定引线端点，采用目标点和引线端点的坐标差来决定是 X 坐标标注还是 Y 坐标标注。如果 Y 坐标的坐标差较大，标注的是 X 坐标，否则是 Y 坐标。

③ X 基准（X）：强制标注 X 坐标。

④ Y 基准（Y）：强制标注 Y 坐标。

11. 快速标注

使用快速标注功能可以在一个命令下对多个同样的尺寸（如直径、半径、基线、连续、坐标等）进行标注，而且像坐标标注那样，自动对齐坐标位置。

1）命令启动方法

① 菜单：标注（N）→快速标注（Q）。

② 工具栏：点击标注工具栏上的按钮 。

③ 命令行：QDIM。

2）命令执行与选项说明

命令：_qdim

选择要标注的几何图形：

指定尺寸线位置或：

[连续（C）/并列（S）/基线（B）/坐标（O）/半径（R）/直径（D）/基准点（P）/编辑（E）/设置（T）]<半径>：

关联标注优先级[端点（E）/交点（I）]<端点>：

指定尺寸线位置或：

[连续（C）/并列（S）/基线（B）/坐标（O）/半径（R）/直径（D）/基准点（P）/编辑（E）/设置（T）]<半径>：

指定要删除的标注点或[添加（A）/退出（X）]<退出>：

选择要标注的几何图形：选择对象用于快速标注尺寸。如果选择的对象不单一，在标注某种尺寸时，将忽略不可标注的对象。例如同时选择了直线和圆，标注直径时，将忽略直线对象。

指定尺寸线位置：定义尺寸线的位置。

连续（C）：采用连续方式标注所选图形。

并列（S）：采用并列方式标注所选图形。

基线（B）：采用基线方式标注所选图形。

坐标（O）：采用坐标方式标注所选图形。

半径（R）：对所选圆或圆弧标注半径。

直径（D）：对所选圆或圆弧标注直径。

基准点（P）：设定坐标标注或基线标注的基准点。

编辑（E）：对标注点进行编辑。

设置（T）：为指定延伸线原点设置默认对象捕捉。

指定要删除的标注点：删除标注点，否则由 AutoCAD 自动设定标注点。

添加（A）：添加标注点，否则由 AutoCAD 自动设定标注点。

退出（X）：退出编辑提示，返回上一级提示。

5.2.4　多重引线标注

在工程图中，尤其是机械零件图的形位公差、零件倒角和装配图的序号等都需要使用指引线将注释文字和符号与图形对象连接在一起，为方便地实现这一要求，AutoCAD 2014 提供了"多重引线"工具栏，如图 5.21 所示。

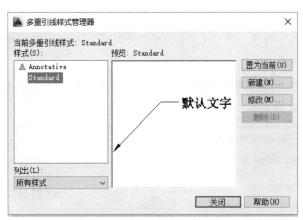

图 5.21 "多重引线"工具栏

多重引线标注一般包括引出端、引线、基线和多行文字或块等。

1. **多重引线样式管理器**

多重引线标注与一般的尺寸一样，需要建立在一定的样式基础上，同时多重引线标注有很多种形式，功能也较强。

设置多重引线样式主要包括控制引线的外观，指定基线、引线、箭头和内容格式。

1）命令启动方法

菜单栏：格式（O）→多重引线样式（I）。

命令行：MLEADERSTYLE。

2）命令执行与选项说明

执行该命令后，弹出如图 5.22 所示的"多重引线样式管理器"对话框。该对话框包括样式、预览、置为当前、新建、修改、删除等内容。通过该对话框，用户可以新建、修改多重引线样式。

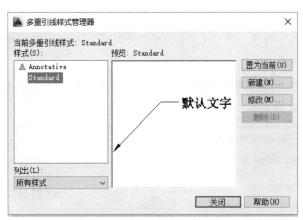

图 5.22 "多重引线样式管理器"对话框

在图 5.22 中点击"新建（N）…"弹出"创建新多重引线样式"对话框，如图 5.23 所示，可以定义新多重引线样式。单击"继续"按钮，则弹出"修改多重引线样式"对话框，如图 5.24 所示。该对话框包含了引线格式、引线结构、内容 3 个选项卡。

图 5.23 "创建新多重引线"样式

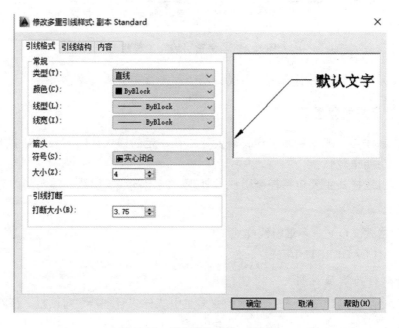

图 5.24 "引线格式"对话框

① 引线格式：在引线格式中，可设置引线的类型（直线、样条曲线、无）、引线的颜色、引线的线型、线的宽度等属性，还可以设置箭头的形式、大小以及控制将折断标注添加到多重引线时使用的大小设置。

② 引线结构：控制多重引线的约束，包括引线中最大点数、两点的角度、基线设置以及比例等缩放，如图 5.25 所示。

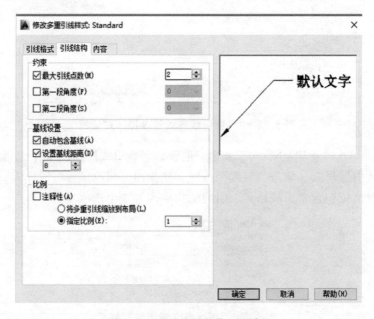

图 5.25 "引线结构"对话框

③ 内容：如图 5.26 所示设置多重引线的内容。多重引线的类型包括多行文字、块、无。

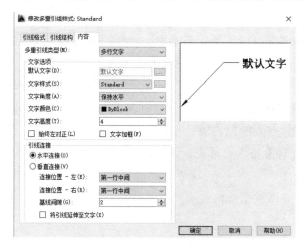

图 5.26 "引线内容"对话框

如果选择了"多行文字"，如图 5.27 所示，则下方可以设置文字的各种属性，如默认文字内容、文字样式、文字角度、文字颜色、文字高度、文字对正方式、是否文字加框以及设置引线连接的特性，包括是水平连接或垂直连接、连接位置、基线间隙等。如果选择了"块"可设置提供的 5 种块源，如图 5.27 所示，也可以选择用户定义的块，同时设置附着的位置、颜色、比例等特性。

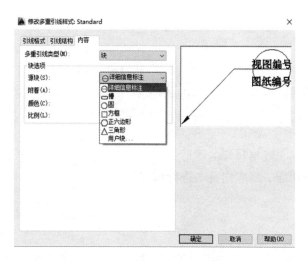

图 5.27 "引线内容"块对话框

2. **多重引线的标注**

1）命令启动方法

① 菜单：标注（N）→多重引线 （E）。

② 工具栏：点击标注工具栏上的按钮 ⚲。

③ 命令行：MLEADER。

2）命令执行与选项说明

命令：_mleader

指定引线箭头的位置或 [引线基线优先（L）/内容优先（C）/选项（O）] <选项>：

① 指定引线箭头的位置：在图形上定义箭头的起始点。

② 引线基线优先（L）：首先确定基线，指定多重引线对象的基线的位置。如果先前绘制的多重引线对象是基线优先，则后续的多重引线也将先创建基线（除非另外指定）。

③ 内容优先（C）：首先绘制内容，指定与多重引线对象相关联的文字或块的位量。如果先前绘制的多重引线对象是内容优先，则后续的多重引线对象也将先创建内容（除非另外指定）。

④ 选项（O）：设置多重引线格式。

3. 添加和删除引线

在工程绘图中，有时将一个注释引到多个对象上，有时要将引线合并（如装配图中一组标准件往往来用一根引线，多个编号），还要将注释排列整齐等，AutoCAD 2014 都能方便地实现这些需求。

多重引线对象可包含多条引线，因此一个注解可以指向图形中的多个对象。使用命令LEADEREDIT，可以向已建立的多重引线对象添加引线，或从已建立的多重引线对象中删除引线，也可以从菜单"修改（M）→对象（O）→多重引线（U）→添加引线（A）或者删除引线（L）"。

4. 对齐引线

在多个引线存在时，应该将它们排列整齐，此时可以通过对齐引线命令使它们排列整齐，符合图样标准。使用"修改（M）→对象（O）→多重引线（U）→对齐（L）"。

5. 合并引线

在图样中经常有同一规格尺寸的图形或零部件存在，标注时需要统一指向一个标注，此时可以采用合并引线功能，将它们统一进行标注。

5.2.5 尺寸编辑

AutoCAD 2014 提供了对尺寸标注的编辑功能，可以方便地修改已经标注的尺寸，包括文本大小、箭头尺寸和文本位置等特性，可通过调整尺寸样式来改变尺寸的大部分特性，也可用样式进行全局修改。

1. 命令启动方法

① 工具栏：点击标注工具栏上的按钮 。

② 命令：DIMEDIT。

2. 命令执行与选项说明

命令：_dimedit

输入标注编辑类型 [默认（H）/新建（N）/旋转（R）/倾斜（O）] <默认>：

① 新建（N）：用于按输入的文字或者数字替换原文字或者数字。

② 旋转（R）：用于将尺寸数字和文字旋转指定的角度。

③ 倾斜（O）：用于指定尺寸界线的倾斜（旋转）角度。

5.3 文字标注

AutoCAD 2014 绘制图形的过程中，文字对象是 AutoCAD 图形中重要的图形元素，也是各种图样不可缺少的组成部分。

5.3.1 文字样式设置

在 AutoCAD 中，所有文字的标注都是建立在某一文字样式的基础之上，因此设置文字样式是进行文字注释和尺寸标注的首要任务。文字样式的作用是控制图形中所使用文字的字体、高度、宽度比例等。在一幅图形中可定义多种文字样式，以满足不同对象的需要。

1. 命令启动方法

（1）菜单栏：格式（O）→文字样式（S）。

（2）工具栏：点击标注工具栏上的按钮 。

（3）命令行：STYLE。

2. 命令执行与选项说明

执行命令后，打开如图 5.28 所示的"文字样式"管理器。通过该对话框，可以新建文字样式或修改已有文字样式，并设置当前文字样式。该对话框中包含了样式名区、字体区、效果区和预览区等。

（1）"样式"列表：列出了已定义的样式名并默认显示选择的当前样式。样式名前的三角图标表示该样式是"可注释性"的对象。系统提供了名为"Standard"的文字样式。

（2）置为当前（U）按钮：可将文字选择的样式设置为当前文字样式。

（3）新建（N）...按钮：新建一种文字样式。单击该按钮，将弹出 "新建文字样式"对话框。

（4）删除按钮：删除一文字样式，无法删除在文字中已使用的样式和默认的 Standard 样式。

3. 字 体

工程图中通常需要两种字体，一是以数字为主的尺寸标注字体；二是以汉字为主的注写的文字，如标题栏的填写文字。规范的字体样式：数字采用 gbenor.shx、gbeitc.shx 和 gbcbig，汉字采用仿宋。

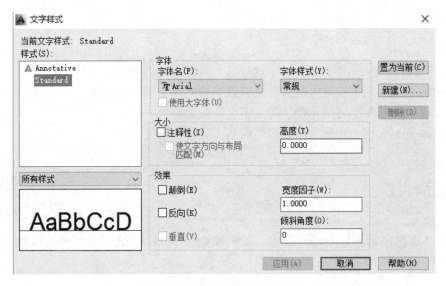

图 5.28　"文字样式"管理器

（1）字体的大小：在图 5.28 所示的对话框的"大小"区可以设置字体的大小，在高度中输入数字表示字高。设置好高度后在后续文本的输入时不再提示字体的高度。

（2）文字的效果：文字的效果有 3 种，分别是颠倒、反向和垂直。通过勾选前面的复选框可以选择文字的效果。"宽度因子"可以设置字符的宽度与高度之比。当值为 1 时，将按系统定义的字体显示。当值小于 1 时，字符变窄；当值大于 1 时，字符变宽。

5.3.2　文字注写命令

在 AutoCAD 2014 中，使用"文字"工具栏，如图 5.29 所示，可以创建和编辑文字。

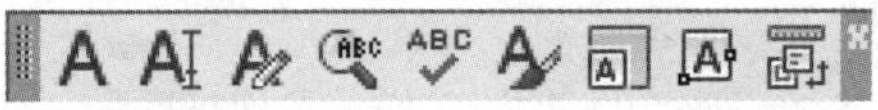

图 5.29　使用"文字"工具栏

1. 单行文字

对于单行文字来说，每一行都是一个文字对象，用来创建比较简短的文本对象。在创建单行文字时，不仅要定义字样，而且要设置文字的对齐方式。

1）命令启动方法

① 菜单：绘图（D）→文字（X）→单行文字（S）。

② 工具栏：点击文字工具栏上的按钮AI。

③ 命令：TEXT 或 DTEXT。

2）命令执行与选项说明

命令：_text

当前文字样式："Standard" 文字高度：2.5000 注释性：否　对正：左

指定文字的起点或 [对正（J）/样式（S）]：

指定高度<2.5000>：

指定文字的旋转角度<0>：

① 指定文字的起点：默认选项，指定文本的左端点。如果前面输入过文本，此处以回车响应起点提示，跳过随后的高度和旋转角度提示，直接输入文字。

② 对正（J）：设置文本的排列方式，总共有 14 种方式供选择。

③ 样式（S）：指定文本标注时所要使用的文字样式。

2. 多行文字

虽然可以用单行文字命令输入多行文字，但是每一行都是一个独立的对象，不易编辑。因工程图样中的技术要求往往需要一次性输入多行文字，在 AutoCAD 2014 中，增加了多行文字功能。

1）命令启动方法

① 菜单：绘图（D）→文字（X）→多行文字（M）。

② 工具栏：点击文字工具栏上的按钮 A。

③ 命令：MTEXT。

2）命令执行与选项说明

命令：_mtext

当前文字样式："Standard" 文字高度：5 注释性：否

指定第一角点：

指定对角点或[高度（H）/对正（J）/行距（L）/旋转（R）/样式（S）/宽度（W）/栏（C）]：

使用多行文字功能首先要定义一个矩形文本框，弹出如图 5.30 所示的"多行文本编辑器"对话框，可以对文本格式进行设置。

图 5.30 "多行文本编辑器"对话框

① 高度（H）：设置文字的高度。如果不指定，则文字的高度是使用当前使用的文字样式中指定的高度，通过此选项可以改变文字的高度。

② 对正（J）：设置文字的对齐方式。

③ 行距（L）：设置文本行间的行间距。

④ 旋转（R）：设置文字边界的旋转角度。

⑤ 样式（S）：设置文字样式。

⑥ 宽度（W）：设置矩形文本框的宽度，输入宽度值或直接拾取一点来确定宽度。

⑦ 栏（C）：设置多行文字对象的栏，如类型、列数、高度、宽度及栏间距大小等。

注意：对于多行文本而言，其各部分文字可以用不同的字体、高度和颜色等。如果希望调整已输入文字的特性，方法是先拖动选中文字，然后在"字体"下拉列表框中选择字体，在"字符高度"文本框中输入高度值，在"颜色"下拉列表框中选择颜色，默认颜色与文字所在图层相同。

5.3.3 文字编辑

当需要对已经创建的文字段落中个别字符进行编辑（如更改、删除等）时，该软件提供了相应的文字编辑功能。

1）命令启动方法

① 菜单：修改（M）→对象（O）→文字（T）→编辑（E）。

② 工具栏：点击文字工具栏上的按钮 。

③ 命令：DDEDIT。

④ 快捷方式：将光标置于字符串上双击，会打开"单行文字"对话框或"多行文字编辑工具栏"。

2）命令执行与选项说明

命令：_ddedit

选择注释对象或 [放弃（U）]：

① 当用户选择的对象是采用"单行文字"命令创建的时，单击需要编辑的单行文字，可进入文字的编辑状态，重新输入文本内容。

② 当用户选择的对象是采用"多行文字"命令创建的时，单击需要编辑的多行文字，可打开多行文字编辑窗口，参照多行文字的设置方法修改编辑文字。

③ "放弃（U）"：输入"U"并回车，表示取消对上一步的修改。

5.4 公差标注

5.4.1 尺寸公差标注

尺寸公差的标注有 3 种方法。

1. 通过修改公差特性来标注尺寸公差

① 选中要修改的尺寸。

② 单击常用工具栏上的对象特性图标 ，弹出"特性"选项卡，如图 5.31 所示。

③ 在选项卡中进行如下设置：在显示公差框中选择极限偏差，在公差下偏差框中输入下偏差值，在公差上偏差框中输入上偏差值。公差精度设为 0.000，文字高度设置为 0.7。

④ 单击"特性"选项卡上的关闭按钮，关闭特性选项卡；再按"Esc"键，结束编辑，完成标注。

图 5.31 "特性"选项卡

2. 利用替代样式标注尺寸公差

① 单击"格式（O）→标注样式（D）"弹出"标注样式管理器"对话框。

② 单击"标注样式管理器"上的"替代"按钮，弹出"替代当前样式"对话框，点击公差，得到"公差当前替代样式"对话框，如图 5.32 所示。

③ 选择"公差"选项卡，设置公差的方式、精度和文字高度，输入上、下偏差值，再单击"确定"按钮返回"标注样式管理器"对话框，最后单击"关闭"按钮，返回绘图窗口。

用标注尺寸的命令进行标注，此时标注的尺寸就会替代样式中设置的公差。

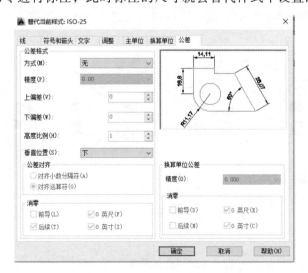

图 5.32 "公差当前替代样式"对话框

3. 用堆叠字符的方法标注尺寸公差

命令的执行步骤如下：

命令：_dimlinear

指定第一个尺寸界线原点或<选择对象>：

指定第二条尺寸界线原点：

指定尺寸线位置或[多行文字(M)/文字(T)/角度(A)/水平(H)/垂直(V)/旋转(R)]：m

打开多行文字编辑器如图 5.30 所示。在多行文字编辑器中顺序输入尺寸值，尺寸的上偏差、下偏差，然后选中偏差，单击多行文字编辑器上的堆叠按钮 ，单击"确定"返回绘图窗口。

5.4.2 几何公差标注

几何公差在工程图样中是必不可少的。几何公差的标注必须在"几何公差"对话框中设定后，才可以标注。

1. 命令启动方法

（1）菜单栏：标注（N）→公差（T）。

（2）工具栏：点击标注工具栏上的按钮 。

（3）命令行：TOLERANCE。

2. 命令执行与选项说明

执行该命令后，系统打开"形位公差"对话框，如图 5.33 所示。点击该图中"符号"下的黑框，就弹出如图 5.34 所示的"特征符号"对话框，在此对话框中选择单击某一符号，AutoCAD 返回到"形位公差"对话框，并在对应位置显示出该符号。

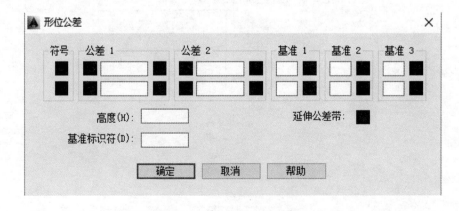

图 5.33 "几何公差"对话框

图 5.34 "特征符号"对话框

"公差1""公差2"选项组用于确定公差，可在对应的文本框中输入公差值。此外，可通过单击位于文本框前边的小方框确定是否在该公差值前加直径符号；单击位于文本框后边的小方框，可以确定"公差原则"。"基准1""基准2""基准3"选项组用于确定基准相对应的包容条件。

通过"形位公差"对话框确定要标注的内容后，单击对话框中的"确定"按钮，AutoCAD切换到绘图屏幕，并提示：输入公差的位置。

注意：由于直接使用公差命令标注几何公差只有方框没有指引线，所以应先标注指引线，最好使用引线命令来标注形位公差。同时可以绘制引线，并可以在"形位公差"对话框中进行设置。

【例5.4】为图5.35（a）所示的图形标注公差，标注结果如图5.35（b）所示。

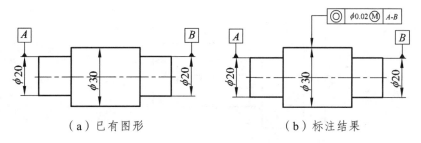

（a）已有图形　　　　　　　　（b）标注结果

图 5.35 标注公差

操作步骤：

① 标注指引线；

② 点击"标注（N）→公差（T）"，弹出公差对话框进行对应的设置。

③ 单击"确定"按钮，AutoCAD转换到绘图视口，拾取引线尾部的端点，完成了形位公差的标注。标注结果如图5.35（b）所示。

5.4.3　表面粗糙度的标注

表面粗糙度的标注利用创建块、插入块和编辑块来实现对零件图上表面粗糙度的标注，块的建立可以参考本章5.1节。

习 题

5-1 根据所学的绘图相关指令,按照尺寸绘制图 5.36 所示的图形,并标注尺寸。

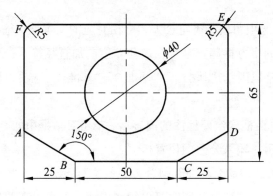

图 5.36 题 5-1 图

5-2 按照尺寸绘制图 5.37 所示的图形,并标注尺寸。

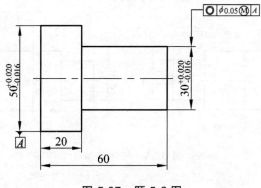

图 5.37 题 5-2 图

5-3　按照尺寸绘制图 5.38 所示的图形，并标注尺寸。

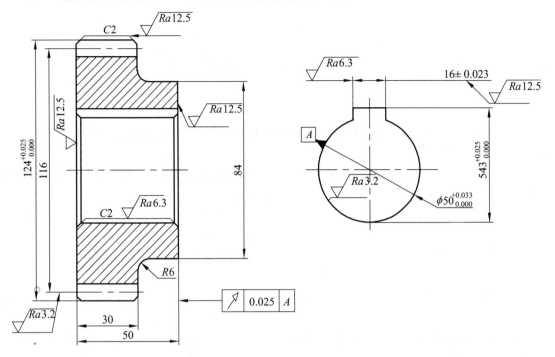

图 5.38　题 5-3 图

6 Pro/E5.0 概述

本章主要介绍 Pro/E 软件的基本功能模块和操作基础，内容主要包括操作界面的组成、文件操作与管理等。

学习目标：了解该软件的基本功能，熟悉该软件的操作界面，掌握 Pro/E5.0 软件的文件管理操作和操作技巧。

6.1 Pro/E5.0 概述

6.1.1 Pro/E 简介

Pro/Engineer（简称 Pro/E）是美国 Parametric Technology Corporation（PTC）公司的产品，经过 20 多年的不断发展和完善，目前已成为世界上最为普及的 CAD/CAM/CAE 软件之一，它操作简便，功能丰富。其主要功能包括三维实体造型、曲面造型、钣金设计、装配设计、基本曲面设计、焊接设计、二维工程图绘制、机构设计和标准模型检查及渲染造型等，还提供了大量的工业标准及直接转换接口，可进行零件设计、产品装配、数控加工、钣金件设计、铸造件设计、模具设计、机构分析、有限元分析和产品数据管理、应力分析、逆向工程设计等，广泛应用于机械、模具、工业设计、汽车、航空航天、家电和玩具等行业。该软件的主要特点体现在以下几个方面：

1. 三维实体模型

将设计概念以最真实的模型在计算机上呈现出来，可以随时计算产品的体积、面积、质量等，从而了解产品的真实性。

2. 统一的数据库

各种模块之间实现数据库的统一，任何模型下数据的改变，会同时在其他模型中反映出来，达到设计变更的一致性。统一的数据库功能符合现代产业中同步工程的概念，各个模块之间具有全相关性。

3. 以特征作为设计的单元

以特征作为设计的单元，可随时对特征进行顺序调整、修改或重新定义特征等操作。

4. 参数化设计

由于有统一的数据库，用户可以运用强大的数学运算方式，建立尺寸参数之间的关系式，使得模型可自动计算应有的外形，减轻设计工作量，而且还可以对不满意的参数进行修改，直到满意为止。

6.1.2　Pro/E 基本模块

Pro/E 5.0 包含以下几个基本模块：

1. Pro/E 5.0 设计模块

Pro/Designer 模块能够使产品开发人员快速创建、评价和修改产品的多种设计概念，可以生成高精度的曲面几何模型，并能够直接传送到机械设计或原型制造中，在加快设计大型零件及复杂的装配工作等方面具有独特的优势。

2. Pro/E 5.0 特征模块

Pro/Feature 模块可以将 Pro/E 中的各种功能任意组合，形成用户定义的特征，具有镜像复制带有复杂轮廓的实体模型的能力，用简便的设计工具可创建高级特征，如高级扫描和轮廓混合等。

3. Pro/E 5.0 曲面模块

利用 Pro/Surface 模块，设计者可以快速开发任一实体零件中的自由曲面和几何曲面，以及整个曲面模型，此模块为生成各种曲面提供了强大的支持。

4. Pro/E 5.0 制造模块

Pro/Manufacturing 模块能生成生产过程规划及道具轨迹，允许采用参数化的方法定义数控刀具轨迹以对模型进行加工，并通过后置处理生成数控（NC）程序，如铣削、车削和钻削等加工工艺。

6.2　Pro/E5.0 操作界面简介

6.2.1　Pro/E 软件的启动

启动 Pro/E 软件工作环境有不同的方法，本节介绍最常用的两种方法。

方法 1：双击桌面上的 Pro/E 5.0 软件快捷方式图标■或选中 Pro/E 软件快捷方式图标，右键单击，选择"打开"即可运行 Pro/E5.0。

方法 2：在 Windows 操作系统下，单击"开始"按钮，选择"程序"→"PTC"→"Pro ENGINEER"→"Pro ENGINEER"选项，即可运行 Pro/E5.0。操作过程如图 6.1 所示。

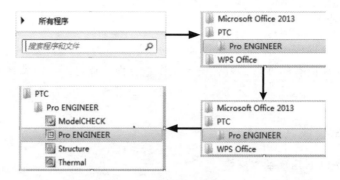

图 6.1　开始菜单启动 Pro/E

6.2.2　Pro/E 软件工作界面

打开软件后，系统进入如图 6.2 所示的 Pro/E 5.0 初始界面。

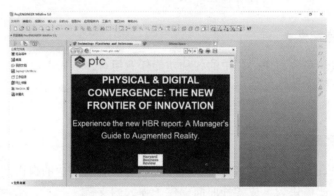

图 6.2　Pro/E 5.0 打开初始界面

在 Pro/E 5.0 软件打开时的初始界面中，通过下拉菜单选择"文件"→"新建"，在弹出的"新建"对话框中选择"零件"，创建零件模型，即可进入如图 6.3 所示的零件设计模式工作界面。

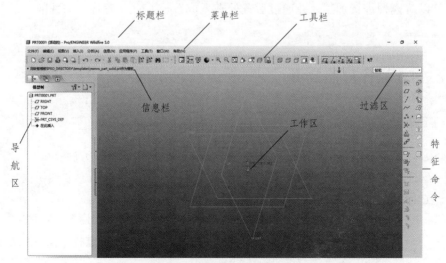

图 6.3　零件设计模式工作界面

Pro/E 5.0 的工作界面一般包括如下几个部分：

1. 标题栏

标题栏位于工作界面的最上方，如图 6.3 所示。该区域会显示应用程序和零件模型的名称，图中的零件名称为"PRT0001"，"活动的"表示当前模型窗口处于激活状态。Pro/E 5.0 可以同时打开多个相同或不同的模型窗口，但只能有一个窗口保持激活状态。

2. 菜单栏

菜单栏位于窗口的上方，放置系统主菜单，不同的模块显示的菜单及内容有所不同。零件设计模式的菜单栏有"文件""编辑""视图""插入""分析""信息""应用程序""工具""窗口"和"帮助"等。

（1）文件：处理文件的各项命令，如新建、打开、保存、重命名等常用操作以及拭除、删除等特殊操作。

（2）编辑：对模型进行操作的命令，主要对建立的特征等进行编辑管理。

（3）视图：控制模型显示与选择显示的命令，可控制模型当前的显示、放大和缩小以及模型视角的显示等。

（4）插入：加入各种类型特征的命令。

（5）分析：对模型分析的各项命令，用于对所建立的草图、工程图、三维模型等进行分析，如距离、角度、质量分析和曲线曲面分析等。

（6）信息：显示各项工程数据的命令，可以获得一些已经建立好的模型关系信息，并列出报告。

（7）应用程序：各种不同的 Pro/E 5.0 模块命令，使用此菜单可以在 Pro/E 5.0 的各种组件间切换，不同模块的应用程序菜单不同。

（8）工具：添加关系式和表达式、定制工作环境的命令。

（9）窗口：管理多个窗口的命令。

（10）帮助：使用帮助文件的命令。

3. 工具栏

将频繁使用的基本操作命令做成图标按钮，放置在相应的工具栏中，通过单击这些图标按钮可以进行常用命令的操作，从而提高效率。不同的模块，在该区显示的快捷图标不同。工具栏包括常用工具栏和特征工具栏等。

（1）常用工具栏包括文件管理、编辑、模型显示、视图、基准显示 5 类常用的操作等。

① 文件管理：用于对文件进行新建、打开、保存、打印等操作。

② 编辑：用于特征撤销、重复、再生、查找和选取等操作。

③ 模型显示：用于切换模型的显示方式。

④ 视图：用于对模型视图进行放大、缩小、定位和刷新等操作。

⑤ 基准显示：用于控制基准面、基准轴、基准点、坐标系统和模型旋转中心的显示与否。

（2）特征工具栏。进入零件模式后，特征工具栏位于窗口工作区的右侧。根据功能的不同，特征工具栏可以分为草绘与基准、工程特征、基本特征和编辑特征 4 种类型。

4. 工作区

工作区是该软件的主窗口区。用户操作的结果常常显示在该区域内，用户也可以在该区域内对模型进行相关操作，如观察模型、选择模型和编辑模型等。

5. 导航栏

导航选项卡位于界面左侧，包括模型树、文件夹管理器和收藏夹 3 个选项卡。

（1）模型树：以层次顺序树的格式列出设计中的每个对象。在模型树中，每个项目旁边的图标反映了其对象类型，如组件、零件、特征或基准。

（2）文件夹管理器：类似于 Windows 的资源管理器，列出文件，可以方便地打开和查看某一个文件或文件夹。

（3）收藏夹：类似于 Internet Explorer 浏览器的收藏夹功能，可以收藏常用的文件或者网址。

6. 信息显示区

信息显示区位于主工作区的左上方，其作用与状态栏类似，用于提供多种消息提示，如菜单选项的说明、某一项操作的状态信息警告或状态提示等。

7. 过滤器

过滤器位于信息显示区的右侧。不同模块在不同工作阶段过滤器列表中的内容有所不同。在模型中，只有过滤器选中的项目才能被选中。在过滤器中，系统默认的选项为"智能"，即光标移至模型某特征时，系统会自动识别出该特征，在光标附近会显示特征的名称，同时特征边界高亮显示。

6.2.3 Pro/E 软件定制屏幕

Pro/E5.0 可以将常用的操作命令定制为一个工具栏，以备使用。在图 6.2 所示的 Pro/E 5.0 打开初始界面中，选择"工具"→"定制屏幕…"命令，即可弹出如图 6.4 所示的"定制"对话框，可以对工具栏、命令、导航选项卡、浏览器以及选项等进行定制。

1. 工具栏（B）

点击"工具栏"选项卡，即可打开工具栏定制选项卡。通过此选项卡可改变工具栏中的"文件""编辑""视图""模型显示"以及"基准显示"的布局，可以将其按钮放在屏幕的顶部、左侧或右侧。

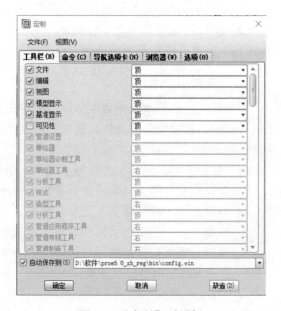

图 6.4 "定制"对话框

2. 命令（C）

要添加一个菜单项目或按钮，可将其从"命令"框拖动到菜单条或任何工具栏。要移除一个菜单项目或按钮，可从菜单条或工具栏将其拖出。下面以定制"保存副本"命令为例，对"命令（C）"的定制进行介绍，如图6.5所示。

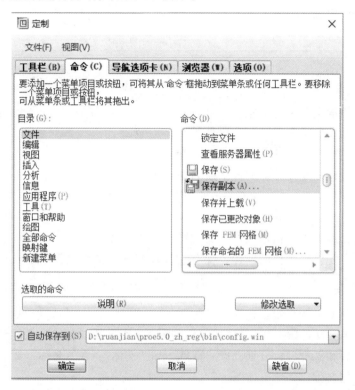

图6.5 "命令"定制

（1）"目录（G）"列表框中选取第一列类别"文件"，则在右侧的"命令（D）"列表框中显示出"文件"的所有命令。

（2）单击"保存副本（A）…"选项，并按住鼠标左键不放，并将鼠标指针拖到屏幕的工具栏中。

（3）单击定制对话框左下角的"确定"按钮，即可完成定制。定制后菜单栏上会显示"保存副本"按钮。

3. 导航选项卡（N）

单击定制对话框中的导航选项卡，可以对导航选项卡放置的位置、导航窗口的宽度以及"模型树"的放置进行设置。

4. 浏览器（W）

单击定制对话框中的"浏览器（W）"选项，可以对浏览器窗口高度和启动状态等进行设置。

5. 选项（0）

单击定制对话框中的"选项（0）"选项，可以对用户界面的其他内容进行配置，如消息区的位置控制、次窗口的打开方式、图标显示控制的设置等。

6.3　Pro/E5.0基本操作

6.3.1　文件操作

1. 文件的类型

Pro/E 5.0常用的文件类型包括以下几种：

（1）草绘文件：二维草图绘制，文件扩展名为.sec。

（2）零件：三维零件设计，文件扩展名为.prt。

（3）组件：三维装配设计，文件扩展名为.asm。

（4）制造：模具设计、NC加工等，文件扩展名为.mfg。

（5）绘图：二维工程图制作，文件扩展名为.drw。

（6）格式：二维工程图图框制作，文件扩展名为.frm

文件的操作主要包括文件的新建、保存、保存副本、拭除和删除等操作。

2. 文件的新建

以创建零件模型为例介绍新建文件的过程。

选择下拉菜单"文件"→"新建"。弹出如图6.6所示的"新建"文件对话框，在弹出的对话框中选择类型和子类型，分别选取"零件"和"实体"，在"名称"文本框中输入文件的名称或使用默认的名称。

注意：文件名只能以数字、字母或字符及其组合命名，不能以中文命名。

在图6.6所示的"新建"文件对话框下面不勾选"使用缺省模板"的选项，则弹出如图6.7所示的"新文件选型"对话框。由于Pro/E 5.0默认的模板绘图单位为英寸，因此一般不选用默认模板，而选择绘图单位为毫米的"mmns_part_solid"模板。

图6.6　"新建"文件对话框

图6.7　"新文件选型"对话框

3. 文件的保存

选择下拉菜单"文件"→"保存"命令保存文件，弹出如图 6.8 所示的"保存"文件对话框。操作过程和 AutoCAD 软件相同。但是 Pro/E 5.0 在每次保存文件时都会创建一个新文件将它写入磁盘，而不会覆盖源文件。例如，在 Pro/E 5.0 环境中正在制作一个名称为"prt0001"的模型，第一次保存时，模型文件会被命名为"prt0001.prt.1"，再次保存时，模型会被保存为"prt0001.prt.2"，以此类推，每保存一次，都会生成一个新的版本，如图 6.9 所示。

图 6.8 "保存"文件对话框

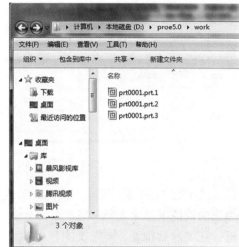

图 6.9 "保存文件"特性

4. 拭除与删除文件

选择下拉菜单"文件"→"拭除"或者"删除"命令，进行删除文件，但是两者也是有区别的。

选择拭除，可以将文件从内存中拭除，但不会从磁盘中删除。

选择删除，可以将文件从磁盘删除。"删除"中有两个选项：删除旧版本和删除所有版本，旧版本是指除了最新保存的版本之外的所有之前保存的版本，所有版本是指保存的所有版本，包括旧版本和最新版本。

6.3.2　工作目录设置

工作目录是指存储 Pro/E 文件的区域，使文件存储到该文件目录中，为了便于管理文件，一般情况下，应该设置一个文件夹为当前工作目录。

设置工作目录一般有两种方法，具体操作过程如下：

（1）单击菜单栏的"文件"→"设置工作目录"命令，打开如图 6.10 所示的"设置工作目录"对话框。选择一个文件夹后单击"确定"按钮。

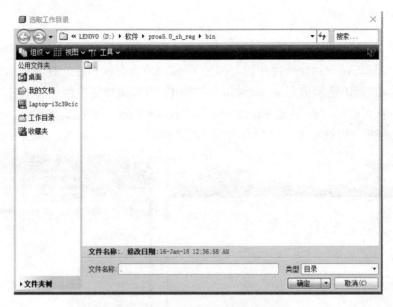

图 6.10　"设置工作目录"对话框

（2）在 Pro/E 5.0 快捷方式图标属性中进行设置。右击桌面上的 Pro/E 快捷方式图标，在弹出的快捷菜单中选择"属性"命令，弹出如图 6.11 所示的快捷方式"设置工作目录"对话框，在"起始位置（S）"文本栏中输入想要保存的文件夹，单击"确定"按钮完成设置。

图 6.11　快捷方式"设置工作目录"对话框

6.3.3　Pro/E 操作技巧

在使用 Pro/E 绘图时，常常采用三键滚轮鼠标，这样使绘图更加方便。各个键的功能如下：

1. 鼠标左键

单击鼠标左键，用于选择菜单、工具按钮，明确绘制图素的起始点与终止点、确定文字注释位置、选择模型中的对象等。

注意：当用左键选择模型中的对象时，先将鼠标放于所选对象上，待对象加亮变为蓝绿色时，不要移动鼠标，直接单击鼠标左键，对象变成大红色后，即为选中。

2. 鼠标右键

单击鼠标右键，选中对象（如工作区和模型树中的对象、模型中的图案等），单击右键，可显示相应的快捷菜单。

3. 鼠标中键

单击鼠标中键，相当于"确定"按钮，或者是结束某一命令的操作。此外，鼠标中键还用于控制模型的视角变换、缩放模型的显示及移动模型在视区中的位置等。按下鼠标中键并移动鼠标，可以任意方向地旋转视区中的模型；对于中键为波轮的鼠标，滚动波轮可放大或缩小视区中的模型；同时按下"Shift"键和鼠标中键，拖动鼠标可移动视区中的模型。

4. 键盘和鼠标操作

（1）Ctrl 键 + 左键：连续选择/取消选择。

（2）Ctrl 键 + 中键：按住中键 + Ctrl 键，可以对模型进行缩放，按住中键往上移为缩小对象，按住中键往下移为放大对象。

（3）Ctrl 键 + Alt 键 + 右键，可以在装配视图中移动待装配元件。

（4）Ctrl 键 + Alt 键 + 中键，可以在装配视图中旋转待装配元件。

习　题

6-1　Pro/E 软件生成文件的类型有哪些？

6-2　Pro/E 软件的工作界面包括哪几部分？

7 Pro/E5.0 草绘设计

本章主要介绍 Pro/E5.0 的二维草绘图元的绘制、编辑以及添加和修改尺寸的方法。

学习目标：理解"草绘"的含义，熟悉二维草绘的界面，掌握二维草绘图的设计方法。

将实体或曲面切断，可得到零件的二维断面，此断面称为"截面"，而截面的线条及尺寸称为"草图"。Pro/E 创建三维零件的各个特征时，常需先画出特征的二维截面，再利用拉伸、旋转、扫描和混合等方式创建三维实体或曲面特征，三维实体或曲面可视为二维截面在第三度空间的变化。所以草图是创建实体的基础。Pro/E 提供了草绘器来专门创建草图。

7.1 二维草绘简介

在介绍二维草绘器之前，先介绍一下有关草绘的一些基本概念。

7.1.1 草绘术语

Pro/E 草绘过程中的常用术语如下：

1. 图　元

指二维草绘中的任何几何元素，如直线、圆、圆弧、椭圆、中心线、样条曲线、点和坐标系等。

2. 参照图元

指创建几何图形或标注时所参照的图元。

3. 尺　寸

图元大小、图元之间的相对位置关系的度量。

4. 约　束

定义图元与图元间的位置关系。

5. 参　照

草绘中的辅助元素。

6. 关　系

关联尺寸和参数的等式。例如，可使用一个关系将一条直线的长度设置成另一条直线的两倍。

7. "弱"尺寸

指由系统自动建立的尺寸。在用户添加需要的尺寸时，系统会自动删除对应的多余"弱"尺寸，系统默认的"弱"尺寸在屏幕上显示为灰色。

8. "强"尺寸

指由用户创建的尺寸或约束。当出现多个"强"尺寸发生冲突时，系统不能自动删除，而是提示要求删除其中一个。"强"尺寸显示为橙色。另外，用户可以将"弱"尺寸转换为"强"尺寸，操作方法是选中需要转换的尺寸按"Ctrl + T"，尺寸就会变为"强"尺寸。

9. 视　角

观看实体或几何图形的角度。系统可以定义 6 个特殊视图角度和一个标准视图角度，其中 6 个特殊视角为前、后、左、右、顶、底。

10. 过约束

指对图元添加两个或两个以上的"强"尺寸或约束，可能产生矛盾或多余条件。出现这种情况时，必须删除多余的约束。

7.1.2　草绘界面

1. 进入二维草绘环境

进入草绘环境的操作方法有两种。

（1）由草绘进入草图绘制的模式，直接创建草绘文件，文件扩展名为.sec。

① 点击菜单下的"文件（F）"→"新建（N）"、工具栏上的"❏"或者按下快捷键"Ctrl + N"后，系统弹出对话框。

② 在弹出的对话框中选择"草绘"，输入文件名，如图 7.1 所示，单击"确定"进入草绘界面。

图 7.1　"草绘"文件对话框

（2）由零件进入草图绘制模式创建草绘文件。

① 点击菜单下的"文件（F）→新建（N）"、工具栏上的"❏"或者按下快捷键："Ctrl + N"后，系统弹出对话框。

② 在弹出的对话框类型中选择"零件"，子类型中选择"实体"，不勾选"使用缺省模块"，在弹出的对话框中选择"mns_part_solid"选项，单击"确定"，进入零件的绘图界面。

③ 点击特征栏左侧的草绘按钮，进入草绘界面。

2. 二维草绘界面的介绍

草绘界面由菜单栏、基准工具按钮、工具栏、绘图工具按钮、文件浏览器和绘图区组成，如图 7.2 所示。

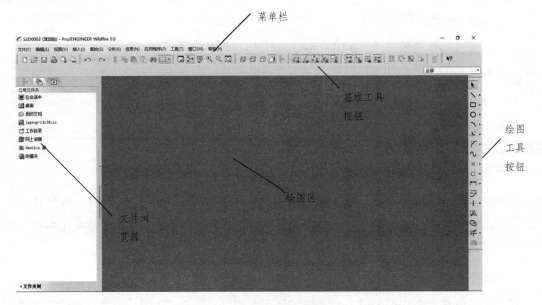

图 7.2　二维草绘界面

1）草绘常用的工具按钮

草绘常用的工具及含义如表 7.1 所示。

表 7.1　常用草绘指令工具及含义

绘制命令			编辑命令		
		绘制直线、切线、中心线			偏移、加厚
		绘制矩形、平行四边形			标准尺寸
		绘制圆、同心圆、三点圆、切圆、椭圆			修改尺寸值或者文本图元
		绘制圆弧、同心弧、相切弧、椭圆弧			建立约束
		绘制倒角、圆角			文本
		绘制样条曲线			修剪、延伸修剪、打断
		创建点、坐标系			镜像、旋转图元

2）基准工具按钮

基准工具按钮工具及含义如表 7.2 所示。

表 7.2 基准工具按钮的含义

基准工具	含 义
	平面显示：基准平面开/关
	轴显示：基准轴开/关
	点显示：基准点开/关
	坐标系显示：坐标系开/关
	注释元素显示：打开或关闭 3D 注释及注释显示

7.1.3 草绘环境设置

在草绘环境中，系统提供了一系列绘图工具以方便绘图。绘图之前应对"草绘器优先选项"对话框进行必要设置。

"草绘器优先选项"对话框打开方式为：菜单"草绘（S）"→"选项"，就可以打开"草绘器优先选项"对话框。该对话框包括杂项、约束和参数 3 个选项，如图 7.3 所示。

（a）"杂项"选项卡

（b）"约束"选项卡

（c）"参数"选项卡

图 7.3 "草绘"环境设置卡

1. "杂项"选项卡

用于设置草绘环境中优先显示的项目，选项卡中包括栅格、顶点、约束、尺寸、弱尺寸、帮助文本上的图元、捕捉到栅格、锁定已修改的尺寸、锁定用户定义的尺寸、始于草绘视图、输入线体和颜色。系统会根据该选项卡的选择自动优先显示。

2. "约束"选项卡

用于设置草绘环境中优先约束的项目，选项卡中包括水平排列、竖直排列、平行、垂直、等长、相同半径、共线、对称、中点和相切。系统会根据该选项卡选择自动创建优先约束。

3. "参数"选项卡

可设置草绘环境网格的大小，选项卡中包括栅格原点、角度和类型的设置，以及栅格间距和精度的设置。

7.2 二维图元绘制

不同于 AutoCAD 软件，Pro/E 软件具有强大的参数化功能，这就使该软件二维草绘图形绘制变得更为灵活和快捷。

二维草绘图形的基本思路是：先用基本图元粗略绘图，要求图形外形与目标图形相似，再对图元进行必要的编辑处理，然后定义相关约束并标注尺寸，最后对尺寸进行修改，最终完成二维草图的绘制。对于初学者，建议采用此种绘图思路。当然，尺寸的标注也可在绘制图元的过程中根据具体情况边绘边标注,这样可避免因修改尺寸不合理造成图形的外形变化。

7.2.1 绘制直线

在所有图形元素中，直线是最基本的图形元素。草绘工具栏上有 4 种形式的直线创建方式：绘制 2 点直线、绘制相切直线、绘制中心线和绘制几何中心线。

1. 绘制 2 点直线

（1）单击工具栏上的绘制 2 点直线图标＼或者选择菜单栏上的"草绘（S）"→"线（L）"→"线（L）"。

（2）在绘图区域任一位置单击鼠标左键确定直线的初始位置点，这时绘图区中出现一条黄色端点可以移动的直线。

（3）单击直线的端点位置，绘图区中就出现一条由两点创建的直线，并且在直线的端点处出现另一条端点可以移动的直线。

（4）重复步骤（3）可创建一系列连续的直线。

（5）单击鼠标中键，完成直线绘制。

2. 绘制相切直线

（1）单击工具栏上的绘制相切直线图标＼或者选择菜单栏上的"草绘（S）"→"线（L）"→"直线相切（T）"。

（2）在第一个圆或者圆弧上单击鼠标左键选取一点，这时被选中圆或者圆弧变为红色，并有一条起始点与该圆或圆弧相切且端点可移动的直线。

（3）在第二个圆或者圆弧上单击一点，就绘制完成与两个圆或圆弧相切的一条直线。

（4）单击鼠标中键，完成相切直线绘制，进入选择项目命令。

3. 绘制中心线

（1）单击工具栏上的绘制中心线图标┊或者选择菜单栏上的"草绘（S）"→"线（L）"→"中心线（C）"。

（2）在绘图区中单击中心线的初始位置点，这时绘图区出现一条两端无线延伸可绕初始位置点旋转的中心线。

（3）单击中心线上的另一个点，绘图区就出现一条由两点创建的中心线。

（4）单击鼠标中键，完成中心线绘制，进入选择项目命令。

说明：几何中心线的绘制和上面中心线的绘制完全一样。

7.2.2　绘制矩形

1. 绘制矩形

（1）单击工具栏上的绘制矩形图标□或者选择菜单栏上的"草绘（S）"→"矩形（E）"→"矩形（E）"。

（2）在绘图区单击一点作为矩形的一个角点，然后拖动矩形到合适大小。

（3）再次单击一点，作为矩形另一个对角点，即完成矩形的绘制。

2. 绘制斜矩形

（1）单击工具栏上的绘制斜矩形图标◇或者选择菜单栏上的"草绘（S）"→"矩形（E）"→"斜矩形（S）"。

（2）在绘图区单击鼠标左键确定斜矩形的一个角点，然后拖动鼠标确定斜矩形的倾斜角度与长度，并单击鼠标左键，确定斜矩形的另一个角点。

（3）继续拖动鼠标，并单击鼠标左键，确定斜矩形的宽度，完成斜矩形的绘制。

3. 绘制平行四边形

（1）单击工具栏上的绘制平行四边形▱图标或者选择菜单栏上的"草绘（S）"→"矩形（E）"→"平行四边形（P）"。

（2）在绘图区中单击一点作为平行四边形的一个角点，然后拖动鼠标并单击鼠标左键，确定平行四边形的一条边。

（3）继续拖动鼠标，确定平行四边形的夹角和高，并单击鼠标左键，完成平行四边形的绘制。

7.2.3　绘制圆

1. 中心点式绘圆

（1）单击工具栏上的以圆心和点绘圆图标○或者选择菜单栏上的"草绘（S）"→"圆（C）"→"圆心和点（P）"。

（2）在绘图区单击一点作为圆的圆心，移动鼠标，再单击鼠标左键确定圆的大小。

（3）单击鼠标中键完成圆的绘制。

2. 绘制同心圆

（1）单击工具栏上的绘制同心圆的图标◎或者选择菜单栏上的"草绘（S）"→"圆（C）"→"同心（C）"。

（2）在绘图区单击一个已存在的圆或者圆弧边线，移动鼠标，然后单击鼠标左键定义圆的大小。

（3）单击鼠标中键完成圆的绘制。

3. 3 点式绘制圆

（1）单击工具栏上的 3 点绘制圆的图标○或者选择菜单栏上的"草绘（S）"→"圆（C）"→"3 点（O）"。

（2）在绘图区分别指定 3 个点作为圆上的 3 个点完成圆的绘制。

（3）单击鼠标中键完成圆的绘制。

4. 3 切点式绘制圆

（1）单击工具栏上的 3 相切的图标○或者选择菜单栏上的"草绘（S）"→"圆（C）"→"3 相切（T）"。

（2）在绘图区中依次选择 3 个图素的边线，系统自动生成与该三边相切的圆。

（3）单击鼠标中键完成圆的绘制。

7.2.4　绘制圆弧

1. 3 点式绘制圆弧

（1）单击工具栏上的 3 点绘制圆弧图标↖或者选择菜单栏上的"草绘（S）"→"弧（A）"→"3 点/相切端（P）"。

（2）在绘图区点击一点作为弧的起点。

（3）单击另一个位置作为弧的终点，移动鼠标，在产生的动态弧上指定一点，以定义弧的大小和方向。

（4）单击鼠标中键完成圆弧的绘制。

2. 绘制同心圆弧

（1）单击工具栏上的绘制同心圆弧图标或者选择菜单栏上的"草绘（S）"→"弧（A）"→"同心（C）"。

（2）选择一个参照圆或者一条参照圆弧来定义圆弧的圆心。

（3）拖动鼠标就出现一个可变的虚线圆，在虚线圆上单击一点作为所绘制圆弧的起点，然后移动鼠标到所需圆弧位置，点击鼠标左键，完成此圆弧绘制。

（4）单击鼠标中键完成圆弧的绘制。

3. 以圆心和端点绘制圆弧

（1）单击工具栏上的利用圆心和端点绘制圆弧或者选择菜单栏上的"草绘（S）"→"弧（A）"→"圆心和端点（A）"。

（2）在绘图区单击一点作为圆弧的圆心。

（3）拖动鼠标就出现一个可变的虚线圆，在虚线圆上单击一点作为所绘制圆弧的起点，然后移动鼠标到所需圆弧位置，点击鼠标左键，完成圆弧的绘制。

4.3 切点式绘制圆弧

（1）单击工具栏上的按钮或者选择菜单栏上的"草绘（S）"→"弧（A）"→"3 相切（T）"。

（2）依次选择与所绘制圆弧相切的 3 个图元，系统自动创建与所选 3 个图元相切的圆弧。

注意：依次选择的 3 个图元中，所选的第一个图元的切点为相切圆弧的起始点，第二图元的切点为相切圆弧的端点，第三个图元的切点为相切圆弧上的一点。

7.2.5 绘制样条曲线

（1）单击工具栏上的样条曲线图标或者选择菜单栏上的"草绘（S）"→"样条（S）"。

（2）在绘图区依次点击一系列不同的点作为样条曲线上的点，可观察到由这些点构成的可变的样条曲线。

（3）单击鼠标中键结束样条曲线的绘制。

7.2.6 点的创建

1. 创建几何点

创建几何点是 Pro/E 5.0 新增的功能，几何点与普通点的区别是：在零件设计环境中，普通点无法单独存在草绘中，而几何点可以单独存在草绘中。创建几何点的步骤如下：

（1）单击工具栏上几何点的图标或者选择菜单栏上的"草绘（S）"→"点（P）"。

（2）在绘图区某位置单击以放置所需创建的点。

2. 创建坐标系

（1）单击工具栏上坐标系的图标或者选择菜单栏上的"草绘（S）"→"坐标系（O）"。

（2）在绘图区某位置单击以放置所需创建的坐标系原点。

7.2.7 创建图元和文本

1. 创建图元

创建图元用于将其他特征的轮廓线转换为本次草绘的图元，此命令在草绘环境中显示为灰色且无法使用，只能在零件设计环境中存在其他零件实体，绘制草图时，将零件轮廓线转换成此次绘制草图的图元。

（1）进入零件设计环境中绘制草图界面，单击工具栏上的图标🔲，系统会弹出如图 7.4 所示的"创建图元"对话框。

（2）选中参照特征轮廓线，系统自动将参照轮廓线转换成此绘制草图的图元。

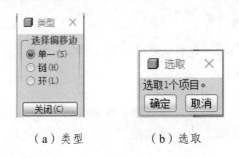

（a）类型　　　　（b）选取

图 7.4　"创建图元"对话框

2. 创建文本

（1）单击工具栏上的文本图标Ⓐ或者选择菜单栏上的"草绘（S）"→"文本（T）…"。

（2）在绘图区某位置单击一点作为本文的起始点。

（3）移动鼠标在绘图区单击另一点，此时两点之间会显示一条构造线，构造线的长度决定了文本的高度，构造线的方向决定了文本的方向，同时弹出如图 7.5 所示的"文本"对话框。

（4）在图 7.5 中的文本框中输入所需创建的文本，如"草图绘制"，单击"文本符号"可在文本中添加文本符号。

图 7.5　"文本"对话框

（5）根据需要设置文本字体、位置、长宽比和倾斜角度。

（6）在文本对话框中勾选"沿曲线放置"，然后选择曲线，单击确定，创建的文本如图 7.6 所示。

注意：在零件设计环境中的草图绘制中，系统弹出的文本对话框有所不同，在零件设计环境中的草图绘制下的"文本"对话框输入文本前应先选中"手工输入文本"。

图 7.6　创建文本

7.3　二维图元编辑

7.3.1　移动与复制图元

1. 移动图元

（1）选中需移动的参照图元，选中后的图元会变成红色。

（2）将光标移动到图元上，按住鼠标左键不放，拖动鼠标，图元就会移动。

注意：如果需移动的是单个圆或者圆弧时，选中圆或者圆弧后，光标应移动到圆或者圆弧的圆心上，然后按住鼠标左键不放，拖动鼠标，移动图元。

2. 复制图元

（1）选中需复制的参照图元，选中后图元会变成红色。

（2）此时特征工具栏中的复制命令激活，单击工具栏上的"复制"命令按钮或者选择下拉菜单"编辑（E）"→"复制（C）"。

（3）此时特征工具栏中的"粘贴"命令激活，单击工具栏上的"粘贴"命令按钮或者选择下拉菜单"编辑（E）"→"粘贴（P）"。

（4）在绘图区单击一点以确定复制草图放置位置，系统弹出"移动和调整大小"对话框，如图 7.7 所示。

图 7.7　"移动和调整大小"对话框

（5）完成设置后单击"√"完成图元的复制。

7.3.2　镜像图元

将图元复制到中心线的另一侧，产生对称的图形称为镜像图元。

（1）选择要镜像的图元。

（2）单击工具栏上的镜像图标 。

（3）单击参照中心线，完成镜像操作。

注意：镜像图元时，绘图区中必须含有参照中心线，如果没有中心线，应先绘制中心线。

7.3.3　旋转和缩放图元

（1）选择要旋转或者缩放的图元。

（2）单击工具栏上的图标 ，系统会提示选取一条直线或中心线，即出现一个虚线的长方形，系统自动默认旋转中心，显示带箭头的图标，如图 7.8 所示。

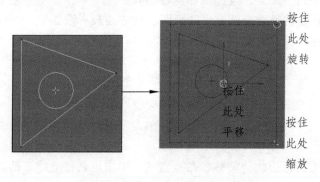

图 7.8　旋转和缩放图元操作图

（3）如需改变旋转中心点，单击图 7.7"移动和调整大小"对话框中的"参照"空白框，单击草绘中需旋转图元的旋转中心点。

（4）完成设置后单击"√"完成图元的旋转和缩放。

7.3.4　修剪图元

1. 删除方式修剪图元

（1）单击工具栏上的图标 或者选择菜单栏上的"编辑（E）"→"修剪（T）"→"删除段（S）"。

（2）将光标移动到需修剪掉的图元上，单击鼠标左键，系统自动修剪掉选中的那段图元。

（3）重复步骤（2），继续修剪图元。

（4）修剪完成后单击鼠标中键，结束图元修剪，如图 7.9 所示。

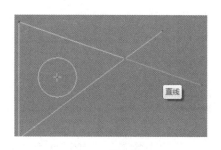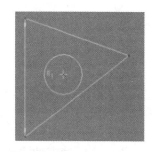

（a）修剪前　　　　　　　　　　（b）修剪后

图 7.9　删除方式修剪图元

2．拐角方式修剪图元

（1）单击工具栏上的图标┗或者选择菜单栏上的"编辑（E）"→"修剪（T）"→"拐角（C）"。

（2）依次单击第一个图元和第二个图元上需要保留的部分，系统自动保留选取图元部分，修剪掉另一图元部分，如图 7.10 所示。

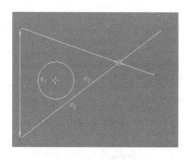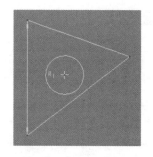

（a）修剪前　　　　　　　　　　（b）修剪后

图 7.10　拐角方式修剪图元

注意：如果两个图元不相交，系统会自动将两个图元进行延伸，并将图元修剪至两图元的交点。

3．分割图元

（1）单击工具栏上的图标┵或者选择菜单栏上的"编辑（E）"→"修剪（T）"→"分割（C）"。

（2）在图元上单击一点，系统自动将图元从单击点处断开为两段。

4．删除图元

（1）在绘图区中选中要删除的图元，选中后图元变成红色。

（2）按下键盘上的"Delete"键或选择下拉菜单"编辑（E）"→"删除（D）"。

7.4 添加约束

7.4.1 自动约束

当完成了图元的绘制后，Pro/E 系统会自动给定约束条件，为图元添加约束，并在图元旁边动态地显示约束的图形符号。如果要关闭自动约束，可通过打开图 7.3 "草绘"环境设置卡的约束选项卡，去除约束的勾选或者单击工具栏中的 ▦ 进行绘图区中约束符号的显示/关闭的切换。

图元的约束也可以通过相应的约束命令来设置，共有 9 种约束，如表 7.3 所示。

表 7.3　各种约束在图形上显示的符号

约束名称	约束图形符号
水平图元	H
竖直图元	V
平行线	//
相等半径	在半径相等的图元旁各显示一个 R 标识
相等长度	在相等长度的图元旁各显示一个 L 标识
相切	T
相同点	O
对称	→＞ ＜—
对齐	▬

7.4.2 设置约束

Pro/E 草绘中，用户可以根据需要手动添加各种约束，如竖直、水平、垂直、相切、对齐等约束。

1. 添加约束的方法

添加约束的方法有两种：一种是单击工具栏上的图标 ┿ 下的 9 种约束图标（见图 7.11）或者选择菜单栏上的 "草绘（S）" → "约束（C）"，如图 7.12 所示添加相应的约束。

2. 添加约束的步骤

（1）根据添加约束的方法，选择需要添加的种类。

（2）选择要添加约束的图元，即可完成。

图 7.11 所示的 "约束"命令框中，各图形符号对应的约束种类如表 7.4 所示。

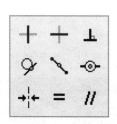

图 7.11　约束图标　　　　　　　　　　图 7.12　下拉菜单的约束

表 7.4　各种约束类型

图形符号	约束类型
┼	竖直约束：使直线竖直放置或使两点在竖直方向对齐
┿	水平约束：使直线水平放置或使两点在水平方向对齐
⊥	垂直约束：使两直线相互垂直
9	相切约束：使直线与圆、直线与圆弧、圆与圆、圆与圆弧相切
╲	点置中点约束：使一点置于一条线的中点位置处
⊙	重合约束：使点与点、点与线、直线与直线重合
→｜←	对称约束：使两点关于中心线对称
=	相等约束：使两图元长度相等、半径相等、曲率半径相等
//	平行约束：使两直线相互平行

7.4.3　删除约束

（1）在绘图区中选取需删除约束的图形符号，选中后约束图形符号变成红色。

（2）按下键盘上的"Delete"键或选择下拉菜单"编辑（E）"→"删除（D）"。

注意：删除约束后系统会自动添加一个尺寸或约束，以使草图处于全约束状态。

7.4.4　解决约束冲突

在绘制草图时，新加入的尺寸或约束条件和已有的尺寸和约束相冲突时，系统会出现该冲突的对话框且这些尺寸及相关的约束条件将以红色显现出来，如图 7.13 中添加多余尺寸"3"时，系统就会加亮多余或冲突的尺寸和约束，同时弹出"解决草绘"对话框，如图 7.14 所示，要求用户撤销或删除多余尺寸。

解决的方法有以下几种：

（1）单击冲突对话框中的"撤销"按钮，结束上一步操作。

（2）选择相冲突的一方，如某个尺寸或约束，再单击对话框中的"删除"按钮，其作用是删除某个约束或尺寸。

（3）选择某个尺寸，单击对话框中的"尺寸参照"按钮，表示该尺寸为参照尺寸。

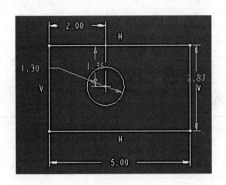 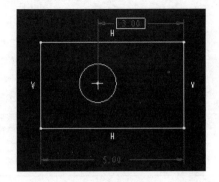

（a）添加多余尺寸前　　　　　　　　　　　（b）添加多余尺寸后

图 7.13　约束冲突

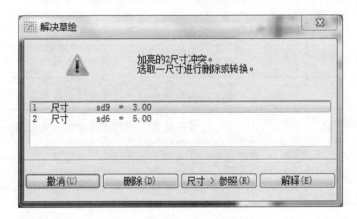

图 7.14　约束冲突

7.5　添加、修改尺寸

尺寸标注用以控制几何图元的大小、形状及位置，在绘制草图时，系统自动为图元的形状和位置进行尺寸标注，自动标注的尺寸为全约束状态，显示为灰色，这些灰色的尺寸被称为"弱尺寸"。系统在添加尺寸或者约束时与之对应的"弱"尺寸自动改变，添加的尺寸被称为"强"尺寸，"强"尺寸的显示会加亮。

7.5.1　创建尺寸

Pro/E 中的尺寸是全约束并且可以进行尺寸驱动，因此，尺寸的标注非常重要。系统提供的尺寸标注不一定全是需要的，可单击"创建尺寸"按钮对图元进行手动标注。具体方法：单击鼠标左键选择图元后在放置尺寸处单击鼠标中键。

1. 直线标注

1）标注直线长度

① 单击工具栏中的标注按钮卣或选择下拉菜单"草绘（S）"→"尺寸（D）"→"法向（N）"。

② 点击鼠标左键选取需标注的直线。

③ 光标移动到需放置尺寸的位置，单击鼠标中键放置尺寸，此时会出现一个显示原尺寸的文本框，在文本框中输入需添加的尺寸值，按下鼠标中键完成尺寸添加。

2）标注两点之间的距离

① 单击工具栏中的标注按钮卣或选择下拉菜单"草绘（S）"→"尺寸（D）"→"法向（N）"。

② 点击鼠标左键分别选取需标注的两个点。

③ 鼠标光标移动到需放置尺寸的位置，单击鼠标中键放置尺寸，此时会出现一个显示原尺寸的文本框，在文本框中输入需添加的尺寸值，按下鼠标中键完成尺寸添加，标注两点之间的距离。

注意：步骤②中，如光标位于两点水平方向的直线上按鼠标中键，标注两点水平方向距离；如光标位于两点竖直方向的直线上按鼠标中键，标注两点竖直方向距离；如光标位于两点连线的平行线上按鼠标中键，标注两点连线之间的距离。

3）标注点和线之间的距离

① 单击工具栏中的标注按钮卣或选择下拉菜单"草绘（S）"→"尺寸（D）"→"法向（N）"。

② 点击鼠标左键分别选取需标注的点和直线。

③ 光标移动到需放置尺寸的位置，单击鼠标中键放置尺寸，此时会出现一个显示原尺寸的文本框，在文本框中输入需添加的尺寸值，按鼠标中键完成尺寸添加，标注两点之间的距离。

4）标注两平行线间的距离

① 单击工具栏中的标注按钮卣或选择下拉菜单"草绘（S）"→"尺寸（D）"→"法向（N）"。

② 分别选取需标注的两条平行线。

③ 鼠标光标移动到需放置尺寸的位置，单击鼠标中键放置尺寸。

5）标注对称尺寸

① 单击工具栏中的标注按钮卣或选择下拉菜单"草绘（S）"→"尺寸（D）"→"法向（N）"。

② 单击图元1，然后单击对称中心线，再单击图元1。

③ 光标移动到需放置尺寸的位置，单击鼠标中键放置尺寸。

2. 圆和圆弧的标注

1）标注半径

① 单击工具栏中的标注按钮卣或选择下拉菜单"草绘（S）"→"尺寸（D）"→"法向（N）"。

② 单击圆或圆弧上一点选取需标注的圆或圆弧。

③ 光标移动到需放置尺寸的位置，单击鼠标中键放置尺寸。

2）标注直径

① 单击工具栏中的标注按钮⊟或选择下拉菜单"草绘（S）"→"尺寸（D）"→"法向（N）"。

② 以鼠标左键选取圆或圆弧两次。

③ 光标移动到需放置尺寸的位置，单击鼠标中键放置尺寸。

3）标注圆弧长度

① 单击工具栏中的标注按钮⊟或选择下拉菜单"草绘（S）"→"尺寸（D）"→"法向（N）"。

② 分别单击圆弧的起点和端点，再单击圆弧上一点。

③ 在圆弧外，单击鼠标中键放置尺寸。

4）标注圆周长

① 单击工具栏中的标注按钮⊟或选择下拉菜单"草绘（S）"→"尺寸（D）"→"周长（P）"，此时会出现"选取"对话框。

② 单击圆上一点，选取后圆会变成红色，单击"选取"对话框中的"确定"命令。

③ 单击圆的直径或半径尺寸，此时会显示圆周长尺寸文本框，在文本框中输入需要的圆的周长，或默认原圆周长，单击鼠标中键，完成圆周长标注，输入圆周长与原来值不同时，圆半径自动发生改变与之对应。

3. 角度的标注

1）两直线夹角

① 单击工具栏中的标注按钮⊟或选择下拉菜单"草绘（S）"→"尺寸（D）"→"法向（N）"。

② 分别选取两条直线。

③ 光标移动到需放置尺寸的位置，单击鼠标中键放置尺寸。

2）圆弧角度

① 单击工具栏中的标注按钮⊟或选择下拉菜单"草绘（S）"→"尺寸（D）"→"法向（N）"。

② 选取圆弧的两端点，再选取圆弧上的任一点。

③ 光标移动到需放置尺寸的位置，单击鼠标中键放置尺寸。

7.5.2　编辑尺寸

1. 修改尺寸值

草绘中修改尺寸是在工具栏处于▶状态下进行的。修改尺寸值的方法有两种：

（1）在需要修改的尺寸值上双击鼠标左键，此时系统弹出尺寸值文本框，在文本框中输入修改后的尺寸值。

（2）单击鼠标左键选中需要修改的尺寸值，选中后尺寸变为红色，然后点击工具栏上的修改图标⊐，此时系统弹出如图7.15所示的"修改尺寸"对话框，在尺寸值文本框中输入需修改的尺寸值，单击"√"完成修改。

图 7.15 "修改尺寸"对话框

2. 移动尺寸

选中需移动的尺寸，选中后尺寸变为红色，光标放在尺寸值上，按住鼠标左键不放，拖动鼠标，将尺寸拖动到所需要放置的尺寸位置。

3. 修改尺寸小数位数

单击下拉菜单"草绘（S）"→"选项…"，此时系统弹出如图 7.16 所示的"参数"对话框，在"参数"选项卡里，在"小数位数"后面对话框中输入需保留的小数位数，单击"√"完成修改。

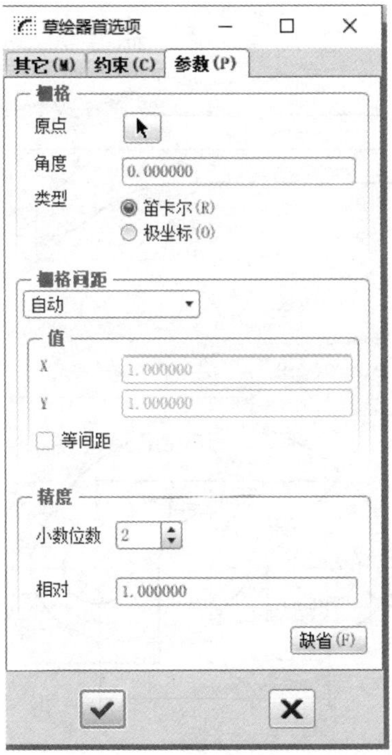

图 7.16 "参数"对话框

4. 锁定/解锁尺寸

选中需锁定的尺寸，选中后尺寸变为红色，然后单击下拉菜单"编辑（E）"→"切换锁定（L）"，就可以将尺寸锁定，锁定后的尺寸变为橘黄色。当编辑或修改图元时，未被锁定的尺寸可能会自动修改或删除，被锁定的尺寸不会被系统自动修改或删除。

解锁尺寸和锁定尺寸的操作步骤是相同的。

习　题

7-1　绘制图 7.17 所示图形的平面草图。

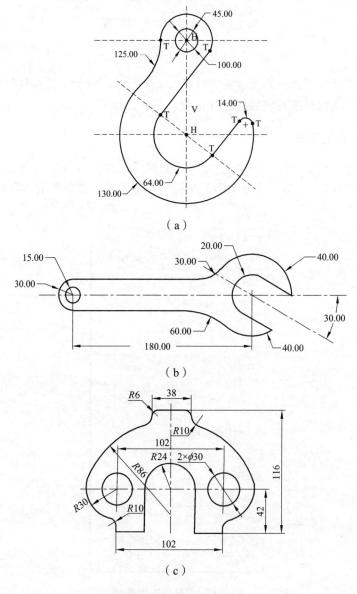

（a）

（b）

（c）

图 7.17　题 7-1 图

8 Pro/E5.0 三维零件设计

本章主要介绍三维零件造型的过程，三维造型的拉伸、旋转、扫描、混合和螺旋扫描等基本特征以及对三维实体特征进行倒角、抽壳、孔、筋等编辑。

学习目标：了解三维造型的一般过程，掌握三维零件设计的基本特征和特征编辑，熟悉曲面特征的建立。

8.1 三维造型概述

8.1.1 三维造型的一般过程

三维模型由三维空间的面组成，面由线组成，而线由点组成，因此，只要将点正确地定义与表达，即可按部就班地实现三维造型。此处的点是三维概念中的点，需要三维坐标系（如笛卡儿坐标系）中的 X、Y 及 Z 三个坐标值来定义。因此，使用三维软件创建基本三维模型的一般过程如下：

（1）选取用于定位的三维坐标系；

（2）选定一个面（Pro/E 中称为"草绘平面"），作为几何图形的绘制平面；

（3）在"草绘平面"创建形成三维模型所需的截面和轨迹线等；

（4）形成三维实体造型。

Pro/E 是一个基于特征的造型软件。特征是组成零件或装配体的基本单元，是产品造型的基础，包括拉伸、旋转、基准、扫描、倒角、抽壳、孔和筋等。采用特征设计具有直观、灵活的优点，像"积木"堆积一样，特征构建能帮助设计人员快速实现零件的建模。

8.1.2 三维造型的界面简介

1. 进入三维造型环境

（1）选择菜单下的"文件（F）"→"新建（N）"、工具栏上的按钮□或者快捷键"CTRL + N"后，系统弹出对话框。

（2）在弹出的对话框类型中选择"零件"，子类型中选择"设计"，不勾选"使用缺省模块"，如图 8.1 所示，在弹出的对话框中选择"mns_part_solid"选项，如图 8.2 所示，点击确定，进入零件的三维造型界面，如图 8.3 所示。

图 8.1 "新建"对话框

图 8.2 "新文件选项"对话框

图 8.3 设计环境

2. 显示方式按钮

正确地设置显示方式可以方便设计者对模型的观察，提高工作效率。"模型显示"选项主要用于设置物体在画面上显示的形式，"基准显示"选项主要用于设置是否在屏幕上显示基准特征，"性能"选项主要用于增强三维视图显示效率控制。

"模型显示"工具栏各按钮的含义如表 8.1 所示，"基准显示"工具栏各按钮的含义如表 8.2 所示。

表 8.1 "模型显示"工具栏中各按钮含义

按钮图标	含　义	按钮图标	含　义
	以线框的形式选用模型		隐藏线后显示模型
	以消隐形式显示模型		着色后显示模型

表 8.2 "基准显示"工具栏各按钮的含义

按钮图标	含　义	按钮图标	含　义
	基准平面的开/关		基准点的开/关
	基准轴的开/关		坐标系的开/关
	打开或者关闭 3D 注释及注释元素		

8.1.3　三维造型的特征及其分类

在 Pro/E 中，一个三维实体模型的创建过程是依次生成各种类型特征并进行合理组合的过程，所以，特征是 Pro/E 的基本操作单元。从三维造型的角度看，Pro/E 的特征通常分为下列几种，如表 8.3 所示。

表 8.3　特征类型

特　征	特征类型	包括的内容
基准特征	基准点、基准面、基准轴、坐标系等	
实体特征	基础实体特征	拉伸、旋转、扫描、混合等
	放置实体特征	圆角、倒角、抽壳、筋、拔模、孔等
曲面特征	基本曲面特征	拉伸、旋转、扫描、混合等
	操作曲面特征	合并、使用面组等

其中，基准特征是用来创建基础实体特征及各种工程特征时的参照，主要用于实体零件创建过程中的辅助设计。基准特征一般也用于为零件添加定位、约束及尺寸标注时的参照。

8.2　基本特征操作

"特征"是 Pro/E 中的一个重要概念，它是构成模型的基本元素。基本特征是指生成基本实体造型的特征，它是创建所有模型的基础，就像一些产品的毛坯一样。基本特征也被称为"基础特征"。

8.2.1 拉伸特征

拉伸实体特征是最简单、最常用，也是最基本的实体特征。拉伸实体特征是指沿着与草绘截面垂直的方向添加或去除材料而创建三维实体特征。

1. 创建拉伸特征的方法

菜单："插入（I）"→ "拉伸（E）"。
工具栏：基础工具栏上的 图标按钮。

2. 拉伸的操控板

拉伸的操控板如图 8.4 所示，它集中了创建拉伸特征的全部菜单命令及功能按钮，利用该操控板可以完成创建拉伸实体特征的各种操作。

图 8.4 "拉伸"特征操控板

1）"放置"菜单

单击"放置"按钮，系统弹出如图 8.5 所示的"放置"菜单面板。使用此项可定义用于生成拉伸特征的草绘截面。另外，单击此面板上的"定义…"按钮可以创建或更改拉伸特征的草绘截面。

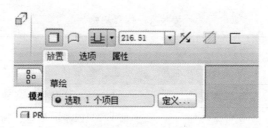

图 8.5 放置草绘

在弹出的"草绘"对话框中设置草绘平面和参照平面，如图 8.6 所示，选取 TOP 基准平面为草绘平面，采用模型默认的方向——反向为草绘视图方向，采用自动确定的参照平面 RIGHT 面为参考方向，单击"草绘"按钮即可进入草绘界面绘制草图。

2）"选项"菜单

单击"选项"按钮，弹出如图 8.7 所示的面板，在该面板上用户可以重新定义草绘平面每一侧的拉伸深度。当创建曲面特征时，通过选中"封闭端"复选框还可以用封闭端创建曲面特征。

图 8.6 草绘平面设置

3）"属性"菜单

单击"属性"按钮，弹出如图 8.8 所示的"属性"面板，在"名称"文本框中系统显示拉伸特征的名称，用户也可以直接输入特征的自定义名称。

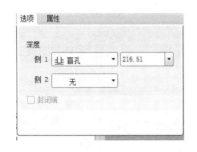

图 8.7 "选项"对话框

图 8.8 "属性"对话框

4）其他按钮的介绍

拉伸操控板的按钮功能介绍如图 8.9 所示。

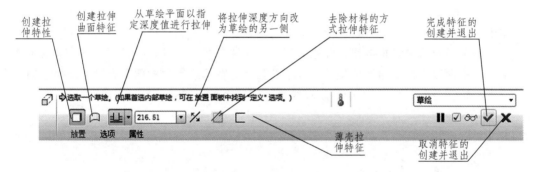

图 8.9 拉伸操控板按钮介绍

3. 创建拉伸特征的步骤

（1）进入零件设计模式。

（2）单击"放置"菜单中的"定义"按钮，指定草绘平面、参考平面和视图方向，点击"草绘按钮"进入草绘环境。

（3）草绘拉伸的截面，完成后单击草绘工具栏的完成按钮"√"。

（4）在"拉伸"的选项卡中选择拉伸方式设置拉伸尺寸。

（5）完成后点击拉伸操控板上的☑按钮，完成拉伸特征的创建。

8.2.2 旋转特征

与拉伸特征相似，旋转特征也是一个用于形成基本实体的特征，不同的是它们的形成方法不相同。旋转特征是将截面绕一条中心轴线旋转一定角度后而形成的实体特征。旋转特征也是创建实体特征最常用的方法之一。在使用旋转特征时，必须有一条绕其旋转的中心线。

1. 创建旋转特征的方法

菜单："插入（I）"→"旋转（R）"。
工具栏：基础工具栏上的 图标按钮。

2. 旋转操控板

如图 8.10 所示，旋转特征与拉伸特征一样，利用该操作也可以向模型中增加或去除材料，区别在于两者创建零件模型的方式不同。

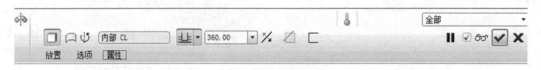

图 8.10　旋转操控板

1）放置菜单
旋转操控板下的放置菜单和拉伸特征是相同的，用来定义草绘截面。

2）选项菜单
单击"选项"，弹出如图 8.11 所示的面板，在该面板上用户可以定义旋转类型和旋转角度。单击侧 1 后面的倒三角按钮，可弹出旋转的 3 种类型，如图 8.12 所示。其中"变量"指的是从草绘平面以指定的角度值旋转，"对称"指的是在草绘平面的两个方向上以指定的角度值的一半旋转，"到选定项"指的是从草绘平面旋转至指定的点、平面或曲面。

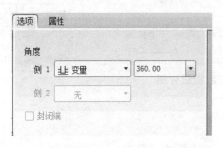

图 8.11　"选项"对话框

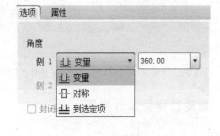

图 8.12　旋转类型

3）属性菜单
单击旋转面板上的"属性"，弹出属性对话框，与拉伸特征类似，在"名称"文本框中系统显示旋转特征的名称，用户也可以直接输入特征的自定义名称。

4）其他按钮的介绍
旋转操控板的按钮功能介绍如图 8.13 所示。

3. 创建旋转特征的步骤

创建旋转实体特征的一般顺序：定义草绘平面及其参照平面→绘制旋转剖面→绘制旋转中心线→设置旋转角度。其中，"绘制旋转剖面"和"绘制旋转中心线"的顺序不分先后。

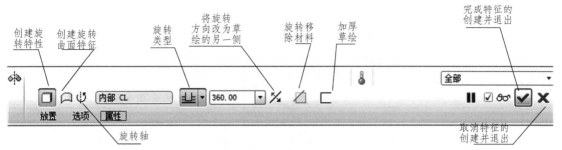

图 8.13　旋转操控板按钮

【例 8.1】利用旋转特征创建图 8.14 所示的实体形状。

图 8.14　实体模型

具体操作步骤如下：

（1）设置草绘平面及其参照。

旋转特征草绘平面及其参照平面的设置与拉伸特征类似，进入"旋转"操控板，单击"放置"按钮，在弹出的参数面板中单击"定义"按钮，即可进入"草绘"对话框。选取 RIGHT 基准平面为草绘平面，采用默认的方向为草绘视图方向，采用自动确定的参照平面 TOP 面，方向为左，单击对话框中的"草绘"按钮，即可进入草绘环境。

（2）绘制旋转剖面。

绘制如图 8.15 所示的旋转剖面。旋转特征的剖面与拉伸剖面类似，实体特征的界面必须是封闭图形，而曲面特征的截面可以不封闭。

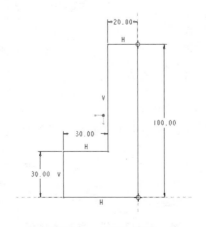

图 8.15　旋转剖面

（3）绘制旋转中心线。

绘制如图 8.16 所示的旋转中心线。旋转中心线与旋转剖面的绘制顺序不分先后，且旋转中心线为线类型中的"几何中心线"。

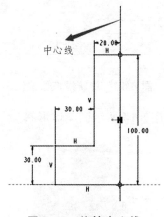

图 8.16　旋转中心线

（4）设置旋转角度。

在"旋转"操控板中选取旋转角度类型，默认为"从草绘平面以指定的角度值旋转"方式，在文本框中输入相应的角度值，如 360°，最后点击鼠标中键或"旋转"操控板的"√"按钮，即可得到旋转实体。

注意：实体类型是系统默认的选择方式，创建实体特征时无须选择。绘制截面草图时，必须要利用中心线工具绘制一条中心线（几何中心线），且截面草图必须位于中心线的一侧。

8.2.3　扫描特征

扫描特征是将剖面沿着一定的轨迹线扫描形成的实体特征。由定义可知，扫描特征的创建有两大基本要素，即扫描轨迹和扫描截面。扫描特征类型可分为伸出项、切口、曲面和曲面修剪 4 类。

1. 创建扫描特征的方法

菜单："插入（I）"→"扫描（S）"。

工具栏：基础工具栏上的 图标按钮。

2. 扫描的操控板

扫描的操控板如图 8.17 所示，它集中了创建扫描特征的全部菜单命令及功能按钮。

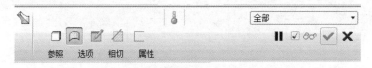

图 8.17　"扫描"特征操控板

1）"参照"菜单

单击"参照"按钮，系统弹出如图 8.18 所示的"参照"操控面板。利用此菜单可定义扫描的原点轨迹、辅助轨迹以及截面与轨迹线的位置关系。其中原点轨迹是必不可少的，辅助轨迹控制草图截面形状与方位的变化。截面在扫描过程中的位置有 2 种形式：草图剖面朝向和剖面的方向，一般是在"剖面控制"和"水平/垂直控制"选项列表中控制。

图 8.18 "参照"操控面板

2）"选项"菜单

单击"选项"，弹出如图 8.19 所示的面板，在该面板中，用户可以选择截面的类型："可变截面"和"恒定剖面"。其中，恒定剖面扫描在沿着轨迹曲线延伸时草图截面保持不变。可变截面的草图截面由扫描轨迹决定。

3）"属性"菜单

与前面的拉伸特征和旋转特征类似，用户可以在"名称"文本框中系统显示扫描特征的名称，也可以直接输入特征的自定义名称。

图 8.19 "选项"对话框

3. 创建扫描特征的步骤

创建扫描特征的一般顺序：进入"伸出项：扫描"对话框→定义扫描轨迹→绘制扫描截面。

【例 8.2】完成玻璃门把手的造型。

（1）进入扫描操控板，单击菜单栏"插入（I）"→ "扫描（S）"→"伸出项（P）"弹出伸出项扫描对话框和扫描轨迹菜单管理器，如图 8.20 所示。

图 8.20 "伸出项：扫描"对话框及菜单管理器

（2）进入草绘模式。

创建扫描轨迹的方式有两种：草绘轨迹和选取轨迹，点击草绘轨迹，弹出"设置草绘平面"菜单管理器，如图 8.21 所示。在图形窗口中移动鼠标到基准平面 TOP，单击该平面，弹出方向菜单管理器，单击"确定"，然后再单击"缺省"，进入草绘模式。

图 8.21　草绘菜单管理器

（3）草绘扫描轨迹。

进入草绘环境之后，利用草绘工具栏上的按钮，绘制如图 8.22 所示的扫描轨迹，单击"完成"按钮，完成草绘轨迹的绘制。

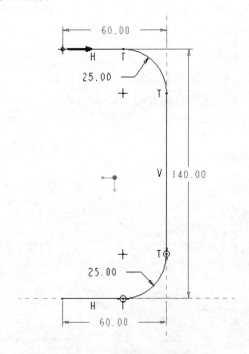

图 8.22　把手的草绘图

（4）扫描截面的草绘。

绘制如图 8.23 所示的截面图形，单击"完成"按钮，完成扫描截面的草绘。此时图 8.20 变为图 8.23。

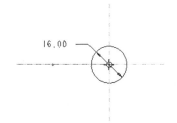

图 8.23　把手的扫描截面草绘图

（5）点击"伸出项：扫描"对话框（见图 8.24）中的确定按钮，完成门把手的扫描特征如图 8.25 所示。

图 8.24　"伸出项：扫描"对话框

图 8.25　把手扫描实体

（6）利用拉伸特征创建门把手的底座。

在特征工具栏中单击拉伸按钮，选择 RIGHT 面为草绘平面，绘制把手的底座，单击完成按钮，完成草绘如图 8.26 所示。设置拉伸的深度为 12，单击确认按钮，完成拉伸特征如图 8.27 所示。

图 8.26　门把手底座的草绘

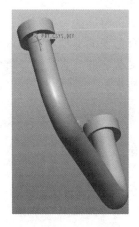

图 8.27　门把手

8.2.4　混合特征

扫描特征是由截面沿轨迹扫描而成，但截面形状单一，而混合特征是由两个或两个以上的草绘截面组成，形成实体模型。

1. 混合特征概述

在 Pro/E 中，按照混合特征的创建方法，混合特征可以分为 3 类：平行混合特征、旋转混合特征和一般混合特征。

平行混合特征是所有截面都相互平行。

旋转混合特征是混合截面绕 Y 轴旋转，最大角度可达 120°，每个截面都单独草绘，并用截面坐标系对齐。

一般混合特征是每个截面都有独自的参考坐标系，各参考坐标系可在基准坐标系的基础上沿 X、Y、Z 轴有不同的旋转角度，最大角度可达 120°。每个截面都单独草绘，并用截面坐标系对齐。

另外，在创建混合特征时还将使用到 4 种截面，分别是规则截面、投影截面、草绘截面和选取截面，如图 8.28 所示。

规则截面：使用草绘平面或实体表面作为混合截面建立特征。

投影截面：使用选定曲面上的截面投影作为混合截面，仅适用于平行混合。

选取截面：选取截面图元，该选项对于平行混合无效。

草绘截面：可以进入草绘环境中手绘各截面图元。

图 8.28　四种截面

2. 创建混合特征的方法

菜单："插入（I）"→"混合（B）"→"伸出项（P）"，此时即可打开图 8.29 所示的"伸出项：混合，平行，规则截面"对话框。

创建混合特征的一般顺序：进入"混合"操控板→确定混合类型（平行、旋转或一般）→定义混合截面的类型（规则截面或投影截面）→定义混合截面的来源（选取截面或草绘截面）→定义截面的混合属性（直的或光滑的）→草绘各截面→指定各截面间的距离（适用于平行混合特征），至此完成混合特征的创建。

3. 平行混合特征创建步骤

（1）在菜单栏中选择"插入（I）"→"混合（B）"→"伸出项（P）"命令，打开"混合选项"菜单管理，如图 8.28 所示。

（2）在打开的菜单管理器中依次选择"平行"→"规则截面"→"草绘截面"选项，单击"完成"按钮，弹出"伸出项：混合，平行，规则截面"对话框和"属性"菜单管理器，如图 8.30 所示。

（3）在"属性"菜单管理器中，"直"选项生成的特征边缘将呈现平直状态；"光滑"选项生成的特征边缘将呈现光滑状态，依次选择"直"→"完成"。

（4）在"设置草绘平面"菜单中选择"平面"命令，消息提示区提示"选择或者创建一个草绘平面"，选取 RIGHT 基准平面作为草绘平面，然后在打开的菜单中依次选择：确定、缺省命令，即可进入草绘环境。

图 8.29 "伸出项：混合，平行，规则截面"对话框 　　　图 8.30 菜单管理器

（5）进入草绘环境后，即可绘制混合截面。绘制如图 8.31（a）所示的正方形，长宽均为 100 mm，且位于草绘平面中心，作为第一个草绘截面。绘制完成后，单击鼠标右键，弹出如图 8.31（b）所示的快捷菜单，选择"切换截面"选项，即可绘制第二个截面，此时第一个截面成灰色状态，如图 8.31（c）所示，绘制的圆如图 8.31（d）所示，直径为 φ60 mm。如若想修改第一个截面，则连续选择"切换截面"两次，即可进入第一个截面的编辑，如图 8.31（e）所示。

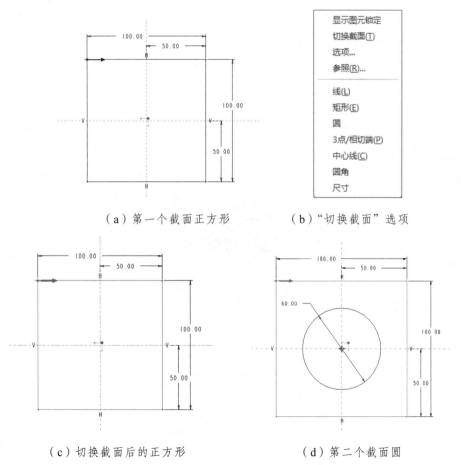

（a）第一个截面正方形　　　（b）"切换截面"选项

（c）切换截面后的正方形　　　（d）第二个截面圆

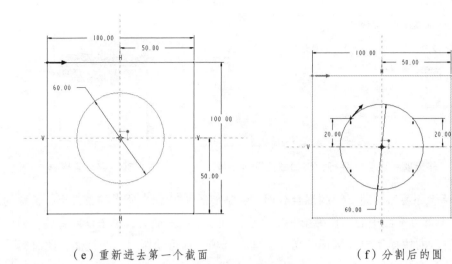

（e）重新进去第一个截面　　　　　　　　　　（f）分割后的圆

图 8.31　混合截面

（6）在混合特征中要求所有截面的图元数必须相等，第一个图元数目为 4，因此需将圆打断为四段圆弧。单击"草绘工具"工具栏中的"分割"（即打断点）按钮 **╱·**，在圆上增加 4 个点，并确定其起始点与第一个截面的起始点相对应，如图 8.31（f）所示。如要改变起始点方向，则选中起始点，单击右键，在弹出的快捷菜单中选择"起点"选项，即可改变起始点的方向，至此完成截面的草绘，单击"√"按钮。

（7）在弹出的图 8.32 所示的"深度"菜单管理器中选择默认选项，单击"完成"按钮，弹出输入截面 2 的深度对话框，如图 8.33 所示，输入距离 80 mm，单击"√"按钮，至此完成平行混合特征所有要素的定义。此时，"伸出项：混合，平行，规则截面"对话框如图 8.34 所示，单击"确定"按钮，完成平行混合特征的创建，所创建的混合特征实体如图 8.35 所示。

图 8.32　"深度"菜单管理器

图 8.33　截面 2 的深度

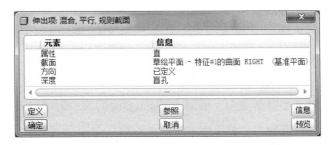

图 8.34　完成定义后的"伸出项"对话框

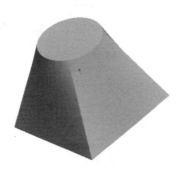

图 8.35　混合特征实体

4. 旋转混合特征创建步骤

（1）在菜单栏中选择"插入（I）"→"混合（B）"→"伸出项（P）"命令，打开菜单管理器。

（2）在打开的菜单管理器中依次选择"旋转的"→"规则界面"→"草绘截面"选项，单击"完成"按钮，弹出"伸出项：混合旋转"对话框和"属性"菜单管理器，如图 8.36 和图 8.37 所示。

图 8.36　"伸出项：混合，旋转的，草绘截面"对话框

图 8.37　属性菜单管理器

（3）在"属性"菜单管理器中，依次选择"光滑"→"完成"，弹出"设置草绘平面"菜单。

（4）在"设置草绘平面"菜单中选择"平面"命令，提示"选择或者创建一个草绘平面"，选择 RIGHT 基准平面作为草绘平面，草绘方向及参照为默认设置，即可进入草绘环境。

（5）进入草绘环境后，即可绘制第一个旋转混合截面。绘制如图 8.31（a）所示的正方形，长宽均为 100 mm，且位于草绘平面中心，作为第一个草绘截面。

（6）绘制完成后，选择下拉菜单"草绘"→"坐标系"绘制坐标系（注：此坐标不是右侧基本工具栏中的基准坐标系），所创建的坐标系如图 8.38 所示，坐标系位于正方形右边中线上，且距离右边 200 mm，单击草绘环境的"√"按钮，弹出如图 8.39 所示的对话框，输入旋转角度 90°，单击对话框的"√"按钮，即可绘制第二个截面。

（7）绘制方法与第一个截面类似，绘制直径 ϕ60 mm 的圆，创建距离圆心 230 mm 的坐标系，并利用分割工具将圆分为 4 段（注：分割点的顺序不同得到的旋转混合实体不同），如图 8.40 所示。单击"√"按钮，弹出"确认"对话框，此对话框提示是否继续绘制下一截面，本例中只需两个截面，因此单击"否（N）"按钮，至此完成旋转混合特征的创建。"伸出项（旋转）"对话框中的所有元素全部定义，单击此对话框的"确定"按钮，完成旋转混合特征的创建，所创建的旋转混合特征实体如图 8.41 所示。

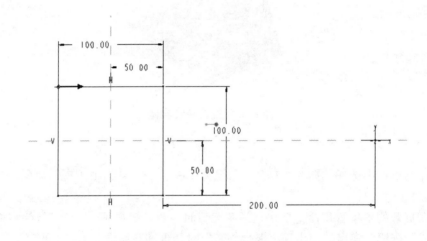

图 8.38　创建坐标系

图 8.39　"旋转角"对话框

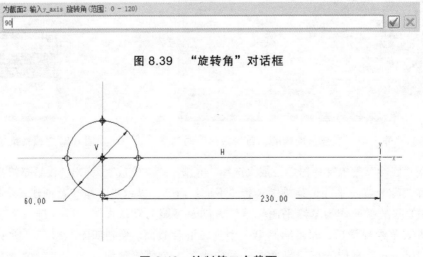

图 8.40　绘制第二个截面

图 8.41 旋转混合特征实体

5. 一般混合特征创建

一般混合特征的创建与旋转混合特征类似，不同之处是在一般混合特征中，草绘截面可以绕 X、Y、Z 轴旋转，而在旋转混合特征中，草绘截面只能绕 Y 轴旋转。

8.2.5 螺旋扫描特征

螺旋扫描是用来创建螺旋状造型的指令，通常用于创建弹簧、螺纹和刀具等造型。实际上螺旋扫描是一种特殊类型的扫描。螺旋扫描是沿着螺旋曲线生成扫描实体的造型方法。

1. 创建螺旋扫描特征的方法

菜单栏："插入（I）"→"螺旋扫描（H）"→"伸出项（P）…"。

2. 螺旋扫描的操控板

螺旋扫描的操控板包括属性、扫引轨迹、螺距和截面等，如图 8.42 所示。其中，属性是用来改变螺旋扫描的基本属性；扫引轨迹是用来创建和修改扫引轨迹；螺距是用来确定螺旋扫描的螺距；截面是用来创建和修改螺旋扫描的扫描截面。

螺旋扫描菜单管理器中包括的常数指的是螺距值为常数；可变的指的是螺距值是可变的，并可由一个图形来定义；穿过轴指的是截面位于穿过轴的平面内；垂直于轨迹指的是截面方向垂直于轨迹线；右手定则指的是使用右手定则定义轨迹。左手定则指的是使用左手定则定义轨迹，如图 8.43 所示。

图 8.42 "伸出项：螺旋扫描"对话框　　图 8.43 螺旋扫描菜单管理器

3. 创建螺旋扫描的特征

创建螺旋扫描特征的一般顺序：进入"螺旋扫描"操控板→定义螺旋扫描属性→绘制螺旋扫描轨迹→输入节距值→绘制螺旋扫描截面，至此完成螺旋扫描特征的创建。

【例8.3】创建弹簧主体。

（1）选择主菜单栏："插入（I）"→"螺旋扫描（H）"→"伸出项（P）…"，弹出如图8.43所示的对话框，依次单击"常数""穿过轴"和"右手定则"按钮，然后单击"完成"按钮。

（2）设置草绘界面：此时弹出"设置草绘平面"菜单管理器，选择草绘的基准平面FRONT，单击选择它，弹出"方向"菜单管理器，依次单击"确定"→"缺省"按钮，进入草绘模式。

（3）创建螺旋扫描的草绘：进入草绘环境后，即可绘制螺旋扫描轨迹。首先利用草绘工具绘制一条与竖直参照线重合的中心线，然后绘制一条起点锁定在水平参照线上的直线，如图8.44所示。

注意：螺旋扫描轨迹包括螺旋轨迹线和螺旋中心线。

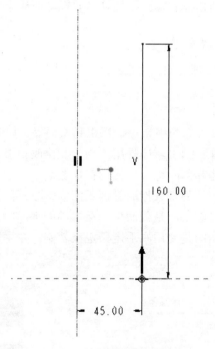

图8.44　螺旋扫描轨迹

（4）输入节距值：螺旋轨迹线和中心线绘制完成后，单击"√"按钮，在弹出的"输入节距值"对话框中输入节距值"18"，单击"√"按钮。

（5）绘制弹簧的截面：重新进入草绘环境，如图8.45所示，即可绘制螺旋扫描截面。在螺旋轨迹线的起点绘制螺旋扫描截面，如图8.46所示，圆的直径为ϕ10 mm，单击"√"按钮，退出草绘环境。

（6）生成弹簧的主体：此时螺旋扫描特征定义完成，单击"伸出项"对话框中的"确定"按钮，最终形成的螺旋扫描实体如图 8.47 所示。

图 8.45　设置草绘平面菜单管理器　　　图 8.46　螺旋扫描截面　　　图 8.47　螺旋扫描实体

8.3　工程特征操作

工程实体特征包括倒角、抽壳、孔、筋以及拔模等特征，运用这些特征可以对模型进行工程上的修饰。

8.3.1　倒圆角特征

在零件的设计过程中，圆角是重要的结构之一，倒圆角操作可以将零件实体的棱边圆滑，从而达到提高产品的外观美感度，以提高产品的实用性。

Pro/E5.0 提供的倒圆角的功能主要适用于"实体"和"曲面"特征。

1. 创建圆角特征的方法

菜单："插入（I）"→"倒圆角（O）"。

工具栏：基础工具栏上的 图标按钮。

2. 倒圆角的操控板

倒圆角的操控板如图 8.48 所示，它集中了创建倒圆角特征的全部菜单命令及功能按钮，包括了"集""过渡""段""选项"和"属性"5 个主选项卡，利用该操控板可以完成创建倒圆角实体特征的各种操作。

图 8.48　"倒圆角"操控板

1）"集"选项卡

单击该选项卡，系统弹出如图 8.49 所示的"集"菜单面板。

图 8.49 "集"子面板

① 圆形：圆角特征的默认形式，即使用圆形剖面进行倒圆角。除了圆形之外，还有圆锥、C2 连续、D1×D2 圆锥等形状，如图 8.50 所示。

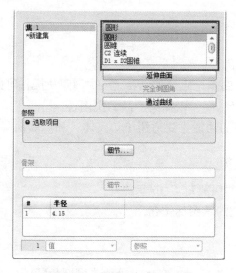

图 8.50 "圆形"下拉菜单

圆锥：使用圆锥形截面的圆角。

C2 连续：使用曲率延伸至相邻曲面的样条剖面倒圆角，曲率为 0.05~0.95。

D1×D2 圆锥：使用圆锥截面及独立距离进行倒圆角。

② 滚球：通过沿曲面滚动球体进行创建圆角，滚动时球体与曲面保持自然相切。除了滚球之外，还有垂直于骨架等形式，如图 8.51 所示。

图 8.51　"滚球"下拉菜单

垂直于骨架：通过扫描垂直于骨架的弧或圆锥剖面进行创建圆角。

③ 延伸曲面：启动倒圆角以在连接曲面的延伸部分继续展开，而非转换为边至曲面倒圆角。即当所选边链对所倒圆角的半径值超过实体边界时，系统将延伸与之相关的曲面使之完成倒角。

④ 完全倒圆角：移除一个曲面，并且通过另一个圆弧曲面取代从而创建完全倒圆角。

⑤ 通过曲线：使用指定曲线确定倒圆角集的半径，指定曲线可通过草绘获得。

⑥ 参照：建立圆角特征时选取的参照，边、平面以及曲面都可以被选择作为参照。

⑦ 半径：所需圆角的半径大小，也可以右键添加多个半径，即为可变半径倒圆角。

2）过　渡

在激活"切换至过渡模式"按钮 的状态下"过渡"下滑面板才可以使用。过渡包括整个倒圆角特征的所有用户定义的过渡，可用来修改过渡。

3）段

可显示查看倒圆角特征的全部倒角集，查看当前倒圆角集中的全部倒圆角段，修剪、延伸或者排除这些倒圆角段。

4）选　项

结束创建曲面的复选框用于创建结束曲面，以封闭倒圆角特征的倒圆角段端点，当选择"有效几何"以及"曲面"或"新面组"连接类型时，此复选框才是可用状态。

3.　创建倒圆角特征的步骤

创建特征的一般顺序：在菜单栏中选择"插入"→"倒圆角"命令，或单击"工程特征"

工具栏，打开"倒圆角"操控板，进入"圆角"操控板后选取参照。

【例8.4】利用倒圆角特征将图8.52分别创建为图8.53和图8.54所示的实体。

图8.52　倒角前

图8.53　所选边倒角

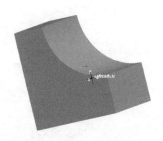

图8.54　倒大角

具体操作步骤如下：

（1）进入"圆角"操控板。

单击"圆角"按钮 ，或选择下拉菜单"插入"→"倒圆角"。

（2）选取参照。

选取参照的方法有以下几种：

① 边或边链：可以选择一条边或者多条边，选择多条边时有两种方式，按住"Ctrl"键不动，鼠标单击所要选的边，或者直接单击所要选择的边，如图8.55所示，虽然选取的方法不同，但最终所得到的圆角特征一样，如图8.53所示。

（a）通过"Ctrl"选择多条边

（b）单击选择多条边

图8.55　选取参照的不同方法

② 曲面到边：按住"Ctrl"键，依次选择一个曲面和一条边，创建的圆角通过指定边，并与曲面相切，如图8.56所示，所得实体如图8.54所示。

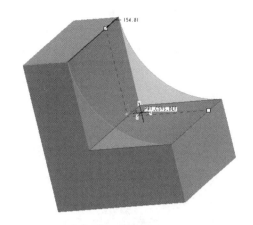

图 8.56　选择曲面和边

4. 创建自动倒圆角特征

自动倒圆角可以同时在零件的面组上创建多个恒定半径的圆角特征。

1）创建圆角特征的方法

菜单："插入（I）"→　"自动倒圆角（O）"。

2）创建自动倒圆角特征的步骤

创建特征的一般顺序：进入自动倒圆角操控板→设置范围→定义圆角大小。

【例 8.5】利用自动倒圆角特征给图 8.57 创建圆角。

图 8.57　自动倒圆角示例图

① 进入"自动倒圆角"操控板，选择下拉菜单"插入（I）"→　"自动倒圆角（O）"，弹出自动倒圆角操控板，如图 8.58 所示。

② 设置自动倒圆角的范围。

在自动倒圆角操控板中，单击"范围"，弹出图 8.59 所示的"范围"界面，选中"实体几何"单选项、"凸边"以及"凹边"复选框。

图 8.58　自动倒圆角操控板

图 8.59 "范围"界面

③ 定义圆角大小。

在凸边文本框中输入凸边的半径值 10, 在凹边文本框中
输入相同数（与凸边的半径值相同，也可以输入其他数值），
如图 8.58 所示。单击"√"按钮确定，即可得到自动倒圆角
实体，如图 8.60 所示。

图 8.60　自动倒圆角实体

8.3.2　倒角特征

倒角和倒圆角类似，都是用来处理零件的棱角，主要区别是倒圆角特征的截面形状是圆
弧，而倒角特征的横截面是斜线。在 Pro/E5.0 中，倒角有两种方式：边倒角和拐角倒角。

边倒角是在选定边处截掉一块平直的截面材料，以在共有该选定边的两个原始曲面之间
建立斜角曲面，如图 8.61（a）所示。

拐角倒角是在零件的拐角处去除材料，如图 8.61（b）所示。

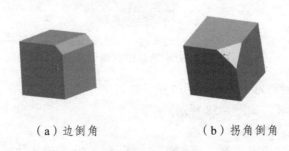

（a）边倒角　　　　　　　　（b）拐角倒角

图 8.61　倒角方式

1. 边倒角

1）创建边倒角特征的方法

菜单："插入（I）"→"倒角（M）"→"边倒角（E）"。

工具栏：基础工具栏上的 图标按钮。

2）边倒角的操控板

边倒角的操控板如图 8.62 所示，它集中了创建边倒角特征的全部菜单命令及功能按钮。

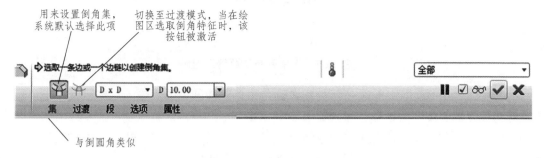

图 8.62 "边倒角"操控板

其中，"D×D"文本框提供了倒角的 6 种类型，可对倒角类型进行设置。

D×D：用于在各曲面上与边相距 D 处创建倒角，此选项为默认选项。

D1×D2：用于在一个曲面距选定边 D1，在另一个曲面距选定边 D2 处创建倒角。

角度×D：用于创建一个倒角，它距相邻曲面的选定边距离为 D，与该曲面的夹角为指定角度。

45×D：用于创建一个与两个曲面的夹角均为 45°，且与各曲面上边的距离为 D 的倒角。

O×O：用于在沿各曲面上的边偏移 O 处创建倒角，仅当 D×D 不适用时才默认此选项。只有在使用"偏移曲面"创建方法时，此方式才有用。

O1×O2：用于在一个曲面距选定边的偏移距离为 O1，在另一个曲面距选定边的偏移距离为 O2 处创建倒角。只有在使用"偏移曲面"创建方法时，此方式才有用。

3）创建边倒角特征的步骤

① 单击工具栏按钮 ，或选择下拉菜单"插入（I）"→ "倒角（M）"→"边倒角（E）"进入边倒角操控板。

② 选择倒角类型"D×D"，倒角数值为 50，可在"边倒角"操控板中进行输入，也可以在"集"子面板中进行输入。

③ 选取要倒角的边。直接单击零件的边或者单击"集"，打开"集"子面板，单击"选取参照"，然后进行边的选取。可以选择一条边或多条边，选择多条边的方法同圆角特征一样，按住"Ctrl"键不放，选择多条边后，单击"√"按钮进行确定，即可得到边倒角实体。

2. 拐角倒角

1）创建拐角倒角特征的方法

菜单："插入（I）"→"倒角（M）"→"拐角倒角（C）"。

2）创建拐角倒角特征的步骤

① 选择下拉菜单"插入（I）"→"倒角（M）"→"拐角倒角（C）"进入拐角倒角操控板。

② 定义顶角。选择零件的一条边作为参照对象（要倒拐角的顶角的一条边），即可完成顶角的定义，并弹出如图 8.63 所示的菜单管理器。

图 8.63　拐角倒角菜单管理器

③ 定义尺寸。单击图 8.63 所示的拐角倒角菜单管理器中的"输入"按钮，弹出"输入沿加亮边标注的长度"对话框，输入数值 20，单击"√"确定。再重复以上步骤两次，即输入顶角的三条边的尺寸，此时完成拐角倒角的定义。"倒角（拐角）：拐角"对话框图 8.64 所示，单击该对话框的"确定"按钮，即可得到拐角倒角实体。

图 8.64　定义完成后的"倒角（拐角）：拐角"对话框

8.3.3　抽壳特征

壳特征是一种应用广泛的实体特征，通过挖去实体内部材料，获得均匀的薄壁结构。壳特征常用于创建各种薄壳结构和各种壳体容器。

1. 创建抽壳特征的方法

菜单："插入（I）"→"壳（L）"。
工具栏：工具栏上的 回 图标按钮。

2. 抽壳操控板

壳操控板如图 8.65 所示，它集中了创建壳特征的全部菜单命令及功能按钮。

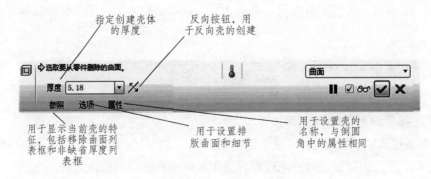

图 8.65　"壳"操控板

3. 创建壳特征的步骤

抽壳特征创建的一般顺序：进入壳操控板→选择要移除的曲面→输入壳体厚度。具体步骤如下：

（1）选择下拉菜单"插入（I）"→"壳（L）"或者单击工具栏上的 图标按钮，进入壳操控板。

（2）选择要移除的面。单击操控板的"参照"按钮，弹出"参照"子面板，如图 8.66 所示。其中，"移除的曲面"是指将要去除的表面，"非缺省厚度"是指所选的曲面的厚度可以单独设置（即对不同曲面指定不同的厚度）。本例中只选择要"移除的曲面"，如图 8.67（a）所示。

图 8.66 壳"参照"操控板

（3）输入壳体厚度。在图 8.65 所示的操控板中的"厚度"文本框中，输入壳体厚度 5，单击"√"按钮，即可完成壳体的创建，如图 8.67（b）所示。

（a）要移除的曲面　　　　　　　　（b）抽壳特征实体

图 8.67 抽壳图例

8.3.4 孔特征

孔特征是一种常用的工程特征。Pro/E5.0 可以创建 3 种类型的孔特征，即简单孔、标准孔和草绘孔。

创建孔特征时，应指定孔的类型、孔的尺寸（深度及直径）以及孔放置的位置。这些参数可以通过主操控板和子面板中的各参数进行设置。

1. 创建孔特征的方法

菜单："插入（I）"→"孔（H）"。

工具栏：基础工具栏上的 图标按钮。

2. 孔操控板

孔操控板如图 8.68 所示，它集中了创建孔特征的全部菜单命令及功能按钮。

图 8.68　孔操控板

简单孔：具有圆截面的切口，简单孔始于放置曲面（即穿孔的起始面）并延伸到指定的终止曲面或用户定义的深度。

标准孔：符合工业标准、具有基本形状的各类螺纹孔。Pro/E5.0 提供了 3 种常用的螺纹孔类型，即 ISO（国际标准螺纹孔）、UNC（粗牙螺纹）和 UNF（细牙螺纹）。标准孔的形状也有 3 种类型，即一般螺孔、埋头螺孔和沉头螺孔。应注意，孔特征所创建的标准孔并不具有螺纹孔的真实螺旋线特征。

草绘孔：是由草绘截面决定形状的孔，与旋转特征相似。锥形孔可通过草绘孔进行创建。

1）孔深类型

在孔深类型按钮下还有其他 4 个表示孔深类型的按钮，如图 8.69 所示。

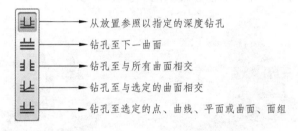

图 8.69　钻孔类型

2）放置子面板

用于选择和修改孔特征的位置与参照，可以进行修改，如图 8.70 所示。

① 放置列表框显示孔特征放置面的名称。

② 反向按钮可以改变孔放置的方向。

③ 类型用于确定孔特征参照定位的方式。其下拉列表中包含线性、径向和直径 3 种类型，若在放置列表框中直接选择一条轴线和一个平面作为放置参照，则"类型"变为同轴类型。

④ 偏移参照列表框用于显示孔特征的次参照信息。

线性：要求选择两条边或两个平面作为偏移参照，并输入偏移数值定位孔中心。该方法类似使用相对直角坐标的方式给出孔中心的位置。

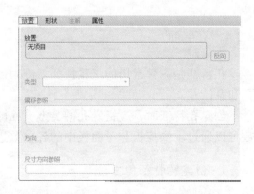

图 8.70　"放置"子面板

径向：要求选择一条轴和一个平面作为偏移参照，并分别输入相对于轴线的距离和相对于平面的偏移角度，用于定位孔中心。该方法类似使用相对极坐标的方式给出孔中心的位置。

直径：与径向参照方式相似，要求输入直径距离和偏移角度。

同轴：在"放置"列表框中直接选择一条轴线和一个平面作为放置参照，则在所选的放置平面创建一个与所选轴线同轴的孔。

3）"形状"子面板

用于预览当前孔的二维视图并修改孔的特征属性，包括形状、大小和深度。

3. 创建孔特征的步骤

下面以图 8.71 所示的模型为例对不同类型孔的创建进行介绍。其中，长方体的长、宽均为200 mm，高为50 mm，圆柱体的直径为 ϕ80 mm，高为160 mm。

图 8.71　零件模型

1）简单孔

（1）线性方式创建通孔。

① 进入"孔"操控板。

② 选择长方体上表面作为放置参照，参照方式为"线性"。

③ 选择两条边（长方体上表面的左边和前边）作为偏移参照，给出偏移尺寸，并输入孔的直径和深度值，单击"√"按钮确定，即可完成孔的创建，如图 8.72（a）所示。

（a）选择线性参照及输入数值

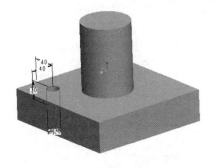

（b）孔特征实体

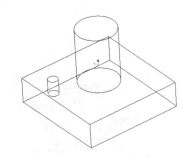

（c）孔特征实体线框表示

图 8.72　孔的创建

（2）径向方式创建带沉头孔的锥形盲孔。

① 进入"孔"操控板。

② 选择圆柱上表面作为放置参照，参照方式选择"径向"。

③ 在"偏移参照"列表框中，选择轴线（圆柱体的轴线）和平面（FRONT 面）作为参照，分别给出偏移半径和偏移角度尺寸，并输入孔的直径和深度值，如图 8.73（a）所示。

④ 点击 ∪ 按钮，创建锥形孔，同时单击 ⊞ 按钮，通过修改"形状"子面板中各参数的数值，可以创建沉头孔，如图 8.73（b）所示。设置完成后，点击"√"按钮，即可生成沉头孔特征实体，如图 8.73（c）、（d）所示。

（a）选择径向参照及输入数值

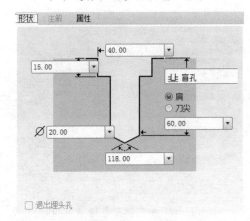

（b）沉头孔的尺寸参数

（c）孔特征实体

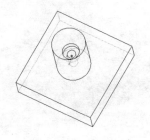

（d）孔特征实体线框表示

图 8.73　径向方式创建沉头孔

（3）直径方式创建埋头孔。

直径方式创建孔与径向方式创建孔相似。

① 进入"孔"操控板。

② 选择圆柱体上表面作为放置参照，参照方式选择"直径"。

③ 在"偏移参照"列表框中，选择轴线（圆柱体的轴线）和平面（FRONT 面）作为参照，分别给出偏移半径和偏移角度尺寸，并输入孔的直径和深度值，如图 8.74（a）所示。

④ 单击 U 按钮，创建锥形孔，同时单击 Y 按钮，通过修改"形状"子面板中各参数的数值，即可创建埋头孔，如图 8.74（b）所示。设置完成后，点击"√"按钮，即可生成埋头孔特征实体，如图 8.74（c）、（d）所示。

（a）选择直径参照及输入数值

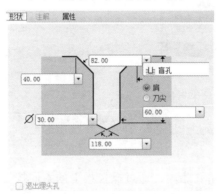

（b）埋头孔的尺寸参数

 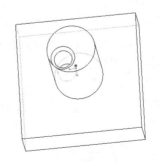

（c）孔特征实体　　　　　　　（d）孔特征实体线框表示

图 8.74　直径方式创建埋头孔

（4）同轴方式创建通孔。

① 进入"孔"操控板。

② 选择圆柱上表面及其轴线作为放置参照，则参照方式默认为"同轴"，如图 8.75（a）所示，输入孔的直径和深度值，单击"√"按钮确定，即可完成孔的创建，如图 8.75（b）、（c）所示。

（a）选择同轴参照及输入数值

 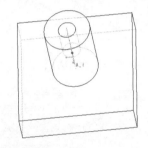

（b）孔特征实体　　　　　　（c）孔特征实体线框表示

图 8.75　同轴方式创建通孔

2）标准孔

标准孔的放置参照与简单孔相同，通过操控板上的不同按钮，在"形状"子面板中设置相应的参数，即可创建不同的标准孔。

（1）标准孔的类型。

① 一般螺纹孔。

在"标准孔"操控面板中，单击 ⊕ 按钮，在"形状"子面板中可以设置螺纹长度，图 8.76（a）所示为"可变"螺纹长度。

② 带埋头孔的螺纹孔。

在"标准孔"操控面板中，依次点击 ⊕ 按钮和 ⊻ 按钮，在"形状"子面板中可以设置螺纹长度和埋头孔尺寸，如图 8.76（b）所示。

③ 带沉头孔的螺纹孔。

在"标准孔"操控面板中，依次点击 ⊕ 按钮和 ⊔ 按钮，在"形状"子面板中可以设置螺纹长度和沉头孔尺寸，如图 8.76（c）所示。

④ 螺纹锥孔。

在"标准孔"操控面板中，单击 ⑦ 按钮，将创建如图8.76（d）所示的螺纹锥孔。

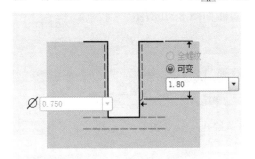

（a）一般螺纹孔

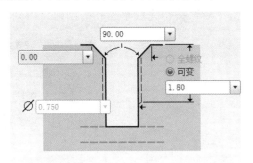

（b）带埋头孔的螺纹孔

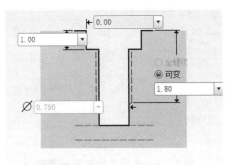

（c）带沉头孔的螺纹孔

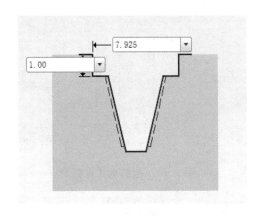

（d）螺纹锥孔

图8.76　标准孔的类型

（2）创建标准孔的步骤。

① 进入"标准孔"操控面板。

② 在"标准孔"操控板中选择"ISO"类型，在其后的下拉列表框中选择螺纹的公称直径。

③ 单击"放置"按钮，在"放置"子面板中设置放置参照及相应参数（与简单螺纹相似）。

④ 单击"放置"按钮，设置孔的详细形状及参数。

⑤ 设置完成后，单击"√"按钮，即完成标准孔的创建。此时，工作区会出现标准孔特征的相关说明

3）草绘孔

草绘孔的创建过程如下：

① 在"孔"操控板中单击草绘孔 ▦ 按钮，则"孔"操控板变为图8.77所示的模样。

② 单击"草绘"按钮 ▦ ，即可进入草绘模式，绘制如图8.78所示的孔截面，绘制完成后点击"√"按钮返回零件模式界面。需注意，绘制草绘孔截面时，必须绘制一条中心线作

为旋转轴，且中心线是"几何中心线"，所绘截面必须封闭。

③ 选择圆柱体上表面及其轴线作为放置参照（即参照方式为"同轴"），如图 8.79 所示，单击"√"按钮完成草绘孔的创建，得到的草绘实体如图 8.80 所示。

图 8.77　选择草绘孔

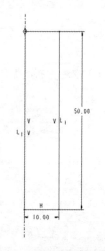

图 8.78　绘制草绘孔截面

图 8.79　选择草绘孔的放置位置

（a）草绘孔实体

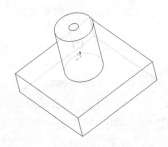

（b）草绘孔实体线框表示

图 8.80　草绘孔实体

8.3.5　筋特征

筋是机械设计中为了增加产品刚度而添加的一种辅助性实体特征。其创建方法与拉伸特征基本相似，不同的是筋特征的截面草图不是封闭的，筋的截面只是一条直线，但须注意的是直线的两端必须与接触面对齐。Pro/E5.0 提供了两种筋特征的创建方法，即轮廓筋和轨迹筋。

1. 轮廓筋

轮廓筋是连接到实体曲面的腹板伸出项，一般通过定义两个垂直曲面之间的特征横截面来创建轮廓筋。

1) 创建轮廓筋特征的方法

菜单："插入（I）"→"筋（I）"→"轮廓筋（P）"。

工具栏：基础工具栏上的 ▲ 图标按钮。

2) 创建轮廓筋特征的步骤

① 选择下拉菜单"插入（I）"→"筋（I）"→"轮廓筋（P）"或者单击 ▲ 按钮，进入"轮廓筋拔模"操控板，它集中了创建轮廓筋特征的全部菜单命令及功能按钮，如图 8.81 所示。其中，参照选项卡的作用是用来定义、编辑筋特征的草绘平面和材料的填充方向。

图 8.81　轮廓筋操控板

② 定义草绘截面放置属性。在操控板中，依次单击"参照"和"定义"，选择 TOP 平面为草绘平面，接受系统默认的视图方向和视图参照，单击"草绘"按钮，进入草绘界面。执行"草绘"→"参照"命令，绘制如图 8.82 所示的截面，即一根线段。需注意，轮廓筋的草绘平面必须通过圆柱体的轴线、轮廓筋截面绘制完成后，单击"√"按钮，完成截面的绘制，退出草绘界面，如图 8.83（a）所示。

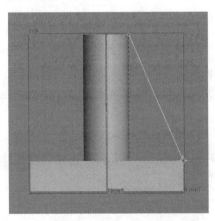

图 8.82　轮廓筋草绘截面

③ 操控面板上的"更改两个侧面之间的厚度"选项被激活后，系统默认状态是对称于草绘平面向两个方向，同时图形区的模型上显示黄色箭头，表示加材料的方向，应单击黄色箭头，即可预览所创建的轮廓筋特征，如图 8.83（b）所示。在"轮廓筋"操控板的"筋厚度"文本框输入所需筋的厚度 5，单击"轮廓筋"操控板的"√"按钮，即可完成轮廓筋特征的创建，如图 8.83（b）所示。

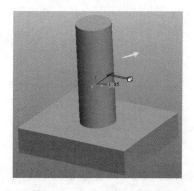
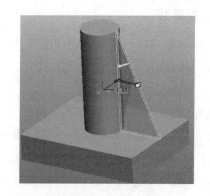

（a）草绘截面完成后的轮廓筋状态　　　　　（b）轮廓筋特征预览

图 8.83　轮廓筋特征预览

2. 轨迹筋

轨迹筋是通过定义轨迹来生成设定参数的筋特征，用于 3 个方向具有轮廓而 1 个方向处于开放状态的实体创建筋特征，常用于塑料制品中，以增强塑料制品的刚度和强度。

创建轨迹筋特征的方法有以下两种：

菜单："插入（I）" → "筋（I）" → "轨迹筋（T）"。

工具栏：基础工具栏上的 图标按钮。

8.3.6　拔模特征

铸件、锻件以及注射件等零件通常需要一个拔模斜面才能顺利脱模，拔模特征即用来创建模型的拔模斜面。通过图 8.84 先明确几个有关拔模的概念。

拔模面：要添加拔模斜度的面，可以同时选择多个面。

拔模枢轴：拔模之后保持边界不变的平面或曲面，拔模面将以拔模枢轴的边界为起点添加斜度。

拖动方向（拔模方向）：当拔模枢轴为平面时，系统自动将其法线作为拖动方向；当拔模枢轴为曲面（曲线）时，还需另外选取一个平面、边或者轴线作为拖动方向。

拔模角度：拔模斜度的角度值。

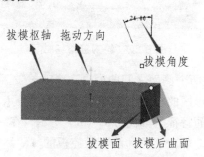

图 8.84　拔模特征的相关概念

1. 创建拔模特征的方法

菜单："插入（I）" → "斜度（F）"。

工具栏：基础工具栏上的 图标按钮。

2. 拔模操控板

拔模操控板如图 8.85 所示，它集中了创建拔模特征的全部菜单命令及功能按钮。

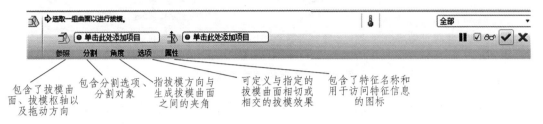

图 8.85　拔模操控板

3. 创建拔模特征的步骤

下面以由枢轴平面创建一个不分离的拔模特征为例进行拔模特征的介绍，拔模后的特征实体如图 8.86 所示。

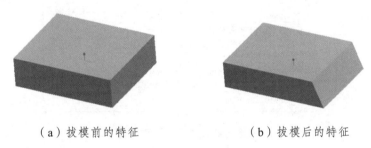

（a）拔模前的特征　　　　　　　　（b）拔模后的特征

图 8.86　拔模特征

（1）选择下拉菜单"插入（I）" → "斜度（F）"或者单击 按钮，进入"拔模"操控板，如图 8.85 所示。

（2）选取拔模曲面和拔模枢轴。单击操控板的"参照"按钮，弹出对话框，如图 8.87 所示。单击"拔模曲面"下的"选取项目"，选择长方体的右侧面为拔模曲面；单击"拔模枢轴"下的"单击此处添加项目"，选择长方体的上表面为拔模枢轴，则拖动方向自动确定。拔模曲面和拔模枢轴确定后，"参照"对话框变为图 8.88（a）所示的样子。

图 8.87　参照对话框

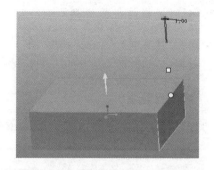

（a）拔模面和拔模枢轴确定后的"参照"对话框　　（b）拔模面和拔模枢轴确定后特征实体

图 8.88　确定拔模面和拔模枢轴

（3）确定拔模角度。拔模角度可在"拔模"操控板的"角度"文本框中设置，也可以直接点击图 8.88（b）中白色小正方形进行拖动设置，本例中设置拔模角度为 15°。设置完成后，单击"拔模"操控板的"√"按钮进行确定，即可完成拔模特征的创建。若要创建分离的拔模特征，可单击"拔模"操控板的"分割"按钮，如图 8.89 所示，在"分割"对话框中可选择"根据拔模枢轴分割"或"根据分割对象分割"，默认分割选项为"不分割"。

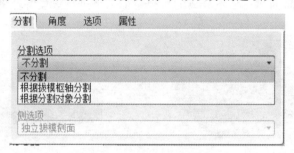

图 8.89　"分割"对话框

8.4　基准特征操作

基准特征是建模时模型的参考或基准数据，是构建特征的基础，后续添加的特征都部分或全部依赖于基准特征之上，因此基准特征的建立和选择都是非常重要的。在模型建立过程中基准特征只起到辅助作用而不直接构成零件表面形状。

在零件设计界面中，会在工作区域显示 3 个互相垂直的基准平面（RIGHT、TOP 和 FRONT），在单个面的交汇处显示一个笛卡儿基准坐标系 PRT_CSYS_DEF，这些是系统给出的最基本的基准特征，但是，在产品设计过程中，只借助这些系统默认的基准特征可能无法完成模型的创建，还需要借助一些辅助的点、线、面，这些由用户自己创建的辅助的基准平面、基准点、基准轴以及基准曲线等，统称为基准特征。

创建基准特征可以使用特征工具栏上的相应工具，也可以通过单击下拉菜单"插入（I）"→"模型基准"来启用，如图 8.90（a）、（b）所示。

主工具栏上的 5 个按钮 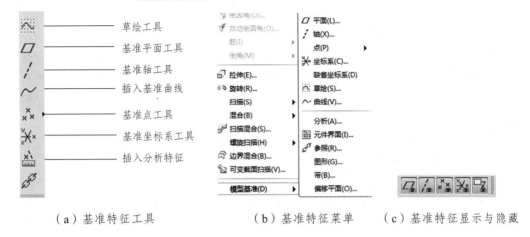，用来切换基准特征的显示与隐藏，如图 8.90（c）所示。

（a）基准特征工具　　　　　　（b）基准特征菜单　　　（c）基准特征显示与隐藏

图 8.90　基准特征工具/菜单

8.4.1　基准平面

基准平面是建立模型时用到的参考平面，是二维无限大的面，没有体积和质量，在模型中以方框形式显示，是零件建模过程中使用最多的基准特征。在草绘环境下，基准平面作为草绘平面或草绘时的方向参考面；在零件模式下，基准平面作为视图显示的参考面、镜像特征的参考面；在装配模式下，基准平面作为对齐、匹配等装配约束条件的参考面；在工程图模式下，基准平面作为建立剖视图的参考平面。

1. 创建基准平面的方法

菜单："插入（I）"→"模型基准（D）"→"平面（L）"。

工具栏：基础工具栏上的 图标按钮。

2. 基准平面对话框

如图 8.91 所示的基准平面对话框集中了创建基准平面全部菜单命令及功能按钮。该对话框包含 3 个选项卡，分别为"放置""显示"和"属性"。

（a）基准平面对话框　　　　　　　（b）参照方式

图 8.91　基准平面对话框

1）"放置"选项卡

该选项卡用于显示选取的参照对象、参照方式及有关参数的输入。基准平面的主要设置是在"放置"选项卡中进行的。

参照对象可以为平面、曲面、边、基准曲线、轴、点和坐标系等。单击鼠标左键即可选中参照对象，同时按住"Ctrl"键可以选择多个参照对象。参照对象被选中后，其名称会依次出现在"参照"列表中。若要取消选择，则选中其名称，单击鼠标右键，选择"移除"选项即可。

每一种参照对象都需设置参照方式作为约束条件才可以建立新的基准平面。约束条件有穿过、偏移、平行和方向4种，如图8.91（b）所示。

"穿过"：指通过选定的参照点、线、轴或平面放置新的基准平面。

"偏移"：指将选定的参照对象，平行移动一定距离而确定的基准平面。平移的距离可在对话框下方的"平移"文本框中指定。

"平行"：指平行于选定的参照对象放置新的基准平面。此约束条件需与其他约束搭配使用。

"方向"：指垂直于被选参照对象放置基准平面。

2）"显示"选项卡

"显示"选项卡用于改变基准平面的显示范围。显示选项卡中的"法向"处可以更改基准平面的法向方向。

3）"属性"选项卡

"属性"选项卡用于指定基准平面的名称。

3. 创建基准平面的方法

1）通过平面创建基准平面

平面可以是基准平面，也可以是模型的平面。选择长方体的上表面，参照方式为"偏移"，平移距离为20，如图8.92（a）所示，单击"确定"按钮，则完成基准平面的创建，如图8.92（b）所示。

（a）参数设置

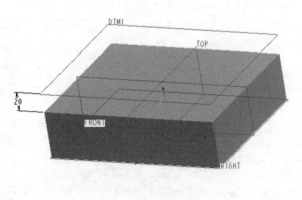
（b）新基准平面

图8.92　通过平面创建基准平面

2）通过边创建基准平面

边可以为基准轴，也可以为模型的边或轴。选择矩形的右侧面的上面一条边，按住"Ctrl"键，同时选择长方体的上表面，输入角度值45°，如图8.93（a）所示，单击"确定"按钮即可完成基准平面的创建，如图8.93（b）所示。

（a）参数设置

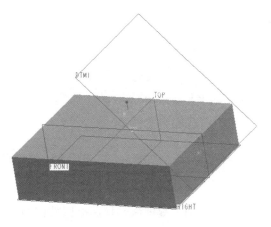

（b）新基准平面

图 8.93　通过平面创建基准平面

3）通过点创建基准平面

点可以是基准点，也可以是模型的顶点。选择长方体的两个顶点，按住"Ctrl"键，选择长方体的上表面，如图8.94（a）所示，单击"确定"按钮即可完成基准平面的创建，如图8.94（b）所示；或按住"Ctrl"键依次选择长方体的3个顶点作为参照对象，如图8.95（a）所示，单击"确定"按钮即可完成基准平面的创建，如图8.95（b）所示。

（a）参数设置

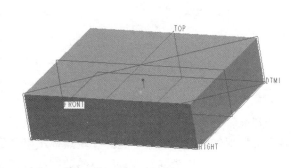

（b）新基准平面

图 8.94　通过两点和平面创建基准平面

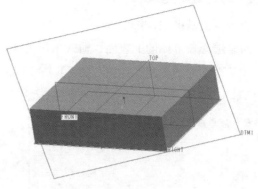

（a）参数设置　　　　　　　　　　　　（b）新基准平面

图 8.95　通过三点创建基准平面

4）通过曲面创建基准平面

按住"Ctrl"键依次选择两个圆柱体的圆柱面为参照对象，约束条件可以选择"穿过"或"相切"，本例选择"相切"，如图 8.96（a）所示，单击"确定"按钮即可完成基准平面的创建，如图 8.96（b）所示。

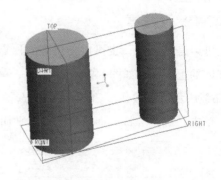

（a）参数设置　　　　　　　　　　　　（b）新基准平面

图 8.96　通过曲面创建基准平面

8.4.2　基准轴

基准轴是无限长的直线，没有大小、方向、体积和质量，始终适合于实体模型的大小，基准轴以褐红色点画线显示，并在端点标示出名称。

基准轴主要作为同轴放置项目的参照或者作为径向阵列的几何参照，也可以用来辅助创建基准平面。

多数情况下，基准轴会伴随着所创建的特征（如旋转特征、孔特征等）同时出现，但有时候基准轴需要单独创建。

1. 创建基准轴特征的方法

菜单："插入（I）"→"模型基准（D）"→"轴（X）"。

工具栏：基础工具栏上的 / 图标按钮。

2. 基准轴操控板

基准轴操控板的对话框包含 3 个选项卡，分别为"放置""显示"和"属性"，与基准平面对话框类似，它集中了创建基准轴特征的全部菜单命令及功能按钮，此处不再赘述。

其参照方式根据所选择的参照对象不同而不同。当参照对象是平面、轴线、直边或点时，参照方式有"穿过"和"方向"两种；当参照对象是曲面或曲线时，参照方式有"中心"和"相切"两种。

3. 创建基准轴特征的步骤

1）通过两点创建基准轴

进入"基准轴"对话框，按住"Ctrl"键依次选择两个顶点作为参照对象，参照方式为"穿过"，即可通过两点创建基准轴，如图 8.97 所示。

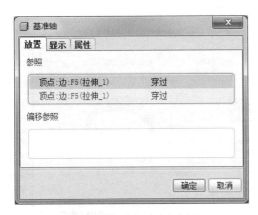

（a）两点-基准轴对话框　　　　　　　　（b）两点-基准轴

图 8.97　通过两点创建基准轴

2）通过面创建基准轴

进入"基准轴"对话框，按住"Ctrl"键依次选择两个平面作为参照对象，参照方式为"穿过"，即可通过两个平面创建基准轴，如图 8.98 所示。

3）通过偏移参照创建基准轴

进入"基准轴"对话框，选择长方体的上表面为参照对象，参照方式为"方向"，单击"偏移参照"列表框，依次选择两条边，分别输入数值，即可创建垂直于长方体上表面的基准轴。

（a）面-基准轴对话框

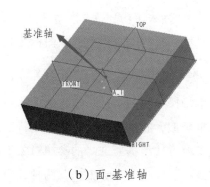

（b）面-基准轴

图 8.98　通过面创建基准轴

4）通过曲线相切创建基准轴

先在长方体上表面的曲线上创建一个基准点 PNT0。进入"基准轴"对话框，选择长方体的上表面的曲线为参照对象，参照对象为"相切"，并给出切点 PNT0，即可创建与所选曲线相切且穿过切点的基准轴，如图 8.99 所示。

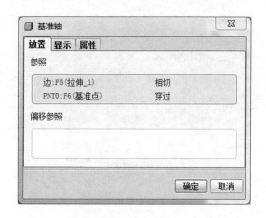

（a）曲线相切-基准轴对话框

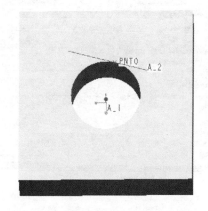

（b）曲线相切-基准轴

图 8.99　通过曲线相切创建基准轴

若参照方式为曲线"中心"，则创建的基准轴位于该曲线的中心。

创建基准轴后，系统用 A_1、A_2 等依次分配其名称。要选取一个基准轴，可选择基准轴线自身或其名称。

8.4.3　基准点

在建立三维实体时，可以使用基准点作为构造元素和模型分析的点。基准点是单独的特征，可以对基准点进行删除、更改和编辑等操作。

基准点有以下几种类型：

① 一般基准点：在图元上或偏离图元创建的基准点；

② 偏移坐标系基准点：通过相对于选定的坐标系创建的基准点；

③ 草绘基准点：在草绘模式下创建的基准点；

④ 域基准点：在用户定义分析时，所需的特征参照。

1. 创建基准点的方法

菜单："插入（I）"→"模型基准（D）"→"点（P）"→"点（P）"。

工具栏：基础工具栏上的 图标按钮。

2. "基准点"对话框

"基准点"对话框如图 8.100（a）所示，它集中了创建基准点特征的全部菜单命令及功能按钮。

如果已创建好多个基准点，则点的名称会出现在"放置"选项卡的列表中。通过鼠标右键单击列表框中的某个基准点，弹出快捷菜单，若要放弃该点，选择"删除"选项即可，如图 8.100（b）所示。

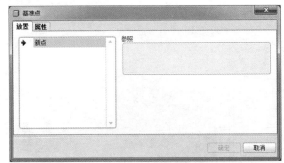
（a）"基准点"对话框（一）

（b）"基准点"对话框（二）

图 8.100　基准点对话框

"参照"列表框用于显示创建基准点所用的参照，"偏移"文本框用于输入偏移距离，"偏移距离"列表框显示确定基准点位置的偏移参照和具体参数。

3. 创建基准点对话框

1）在零件特征的顶点上创建基准点

① 单击"基准点"按钮 ，进入"基准点"对话框。

② 选取模型的一个顶点为参照对象，参照方式为"在其上"，如图 8.101（a）所示，即在此顶点处产生一个基准点 PTN0，如图 8.101（b）所示。

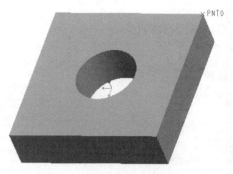

（a）选取一个顶点为参照对象　　　　　　（b）顶点-基准点对话框

图 8.101　通过顶点创建基准点

2）在曲线、边或轴上创建基准点

① 单击"基准点"按钮 ×× ，进入"基准点"对话框。

② 选择模型的一条边为参照对象，参照方式为"在其上"，偏移方式有两种：比率和实数。本例中选择"比率"，偏移比率为 0.5，即所创建的基准点 PNT0 与边端点的距离占总长的 50%，如图 8.102（a）所示，生成的基准点如图 8.102（b）所示。

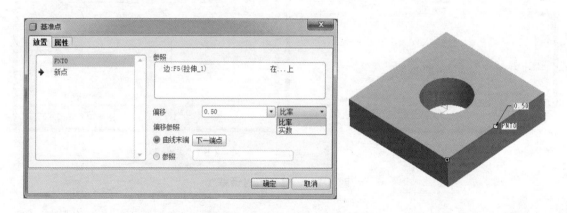

（a）边-基准点对话框　　　　　　　　　　（b）边-基准点

图 8.102　通过边创建基准点

3）在曲面上创建基准点

① 单击"基准点"按钮 ×× ，进入"基准点"对话框。

② 选择模型的上表面为参照对象，参照方式为"在其上"，依次选择两个边为偏移参照对象，偏移数值均为 30，如图 8.103（a）所示，所创建的基准点如图 8.103（b）所示。

（a）曲面-基准点对话框

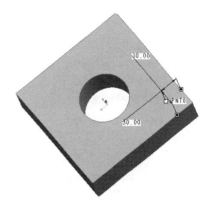
（b）曲面-基准点

图 8.103　通过曲面创建基准点

4）以回转中心创建基准点

回转中心可以是弧、圆或椭圆图元的中心。

① 单击"基准点"按钮 ✖✖·，进入"基准点"对话框。

② 选择模型的圆孔曲线为参照对象，参照方式为"中心"，如图 8.104（a）所示，所创建的基准点如图 8.104（b）所示。

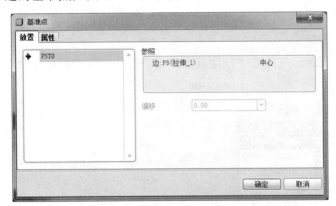
（a）回转中心-基准点对话框

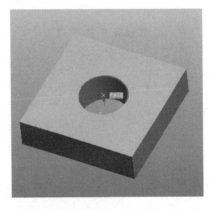
（b）回转中心-基准点

图 8.104　通过回转中心创建基准点

5）草绘创建基准点

进入草绘环境，绘制一个基准点。

① 单击"草绘"按钮 🔷，进入"草绘"对话框，选择 RIGHT 面为草绘平面，TOP 面为参照平面，参照方向向左，如图 8.105（a）所示，单击"草绘"按钮，进入草绘环境。

② 单击"点"按钮 ✖·中的"几何点"按钮，在草绘界面绘制一个点，单击"√"按钮，退出草绘环境，所创建的基准点如图 8.105（b）所示。

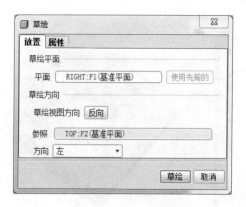

（a）"草绘"对话框 　　　　　　　　　　　（b）草绘-基准点

图 8.105　通过草绘创建基准点

8.4.4　基准曲线

基准曲线作为实体特征的截面图形和曲面特征的边界线，也可作为扫描特征的轨迹线。

1. 创建基准曲线特征的方法

菜单："插入（I）"→"模型基准（D）"→"曲线（V）"。

工具栏：基础工具栏上的 ～ 图标按钮。

2. 基准曲线菜单管理器

基准曲线菜单管理器如图 8.106 所示，它集中了创建基准曲线特征的全部菜单命令及功能按钮。

图 8.106　"曲线选项"菜单管理器

3. 创建基准曲线特征的步骤

基准曲线可分为草绘的基准曲线和插入的基准曲线。

1）草绘基准曲线

草绘基准曲线和草绘基准点的方式相似。

① 单击"草绘"按钮，在弹出的"草绘"对话框中设置草绘平面、参照平面及参照方向后，进入草绘环境。

② 单击"样条曲线"按钮 ∿，绘制所需要的曲线，绘制完成后单击"√"按钮即可完成基准曲线的绘制。

2）经过点创建基准曲线

① 进入"曲线选项"菜单管理器。单击"基准曲线"按钮 ∼，或者选择下拉菜单"插入"→"模型基准"→"曲线"，进入"曲线选项"菜单管理器，如图 8.106 所示。该管理器有 4 种基准曲线创建方法：经过点、自文件、使用剖截面以及从方程等。本例讲解"经过点"创建基准曲线。"经过点"是按指定的方式经过所选择的点创建基准曲线，所选择的点可以是基准点或者顶点等。

② 选择"通过点"选项，弹出如图 8.107（a）所示的菜单管理器。依次选择模型的 3 个顶点，如图 8.107（b）所示。单击的"完成"按钮，即可完成基准曲线设置，如图 8.107（d）所示。

（a）"通过点"菜单管理器

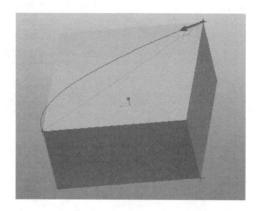

（b）依次选择 3 个顶点

（c）设置完成后的曲线对话框

（d）创建的基准曲线

图 8.107　创建基准曲线

8.5　特征编辑操作

在 Pro/E 中，实体模型的建立需要基本特征和特征编辑相结合才可以提高模型建立的效率。特征编辑操作包括复制、平移、镜像、阵列以及特征的编辑、成组等，掌握这些操作可以大大提高模型创建的效率。

8.5.1　特征复制

特征复制实际上是将已有特征复制的一个过程,它主要用于创建一个或多个特征的副本。Pro/E5.0 的特征复制包括新参照复制、相同参考复制、镜像复制、平移复制、旋转复制以及在标准工具栏中选择"复制"按钮 🖿 进行复制。

1. 创建特征编辑的方法

菜单:"编辑(E)"→"特征操作(O)"→"复制"。

2. 特征复制管理器

特征复制管理器如图 8.108 所示,它集中了创建特征复制的全部菜单命令及功能按钮。复制特征包括了新参照、相同参考、镜像和移动等。下面分别介绍其操作步骤。

图 8.108　特征复制管理器

1)新参照复制

① 执行"新参照"命令。

选择下拉菜单"编辑(E)"→"特征操作(O)"→"复制",在弹出的特征复制器中依次选择"新参照""选取"和"独立",即默认选项,单击"完成"按钮,弹出"选取特征菜单管理器",如图 8.109 所示,使用默认的"选取"命令选择要复制的特征。

② 选择要复制的特征。

单击实体(圆柱)或从模型树中单击所要复制特征的名称进行选择,选中的特征呈红色线框显示,如图 8.110 所示。

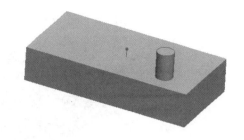

图 8.109　选取特征菜单管理器　　　　　**图 8.110　选中的特征**

③"组元素"对话框和"组可变尺寸"菜单管理器。

单击图 8.108 中菜单管理器的"完成"按钮，则弹出"组元素"对话框和"组可变尺寸"菜单管理器，如图 8.111（a）、（b）所示。因为不需要改变尺寸，直接单击"完成"按钮，系统弹出"参考"管理器，如图 8.112 所示。其中各命令的含义如下：

替换：用新参照替换原来的参照。

相同：副本特征的参照与源特征的参照相同。

跳过：跳过当前参照，以后可重定义参照。

参照信息：提供解释放置参照的信息。

（a）"组元素"对话框　　　　　　　（b）"组可变尺寸"菜单管理器

图 8.111　"组元素"对话框和"组可变尺寸"菜单管理器

图 8.112　"参考"菜单管理器

在图 8.112 所示的"参考"管理器中，选择默认的"替换"选项卡，进行草绘平面参照、垂直草绘参照以及截面尺寸标注参照的设置，依次选取模型的左侧面（放置面）为新特征的放置面，模型的前表面（第二参照面）为特征的参照方向，模型的上表面（第三参照面）为特征生成的平面参照，如图 8.113 所示。

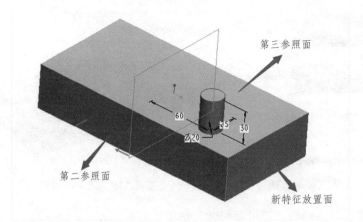

图 8.113 设置放置面及参照面

④ 选择方向。

放置面及参照平面设置完成后,在弹出的图 8.114 所示的方向菜单管理器中单击"反向",然后单击"确定"按钮,弹出如图 8.115 所示的菜单,单击"完成"按钮,此时重新返回图 8.108 所示的特征管理器,单击"完成"按钮即可完成新参照复制特征的创建,所创建的特征如图 8.116 所示。

图 8.114　方向菜单管理器

图 8.115　组放置菜单管理器

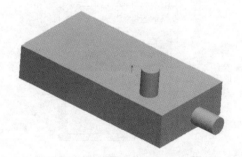

图 8.116　新参照复制的特征

2）相同参考复制

相同参考复制允许修改复制特征的几何尺寸,但必须以原来的特征为参照。具体操作步骤如下:

① 选择下拉菜单"编辑（E）"→ 特征操作（O）"→"复制"，在弹出的特征复制器中依次选择"相同参考""选取"和"独立"，即默认选项，单击"完成"按钮。在弹出的"选取特征"菜单管理器中，使用默认的"选取"命令。

② 选择要复制的特征（圆柱），然后单击菜单管理器中的"完成"按钮。

③ 在菜单管理器的子菜单"组可变尺寸"中选择要改变的尺寸，如图 8.117 所示。单击"完成"按钮后，系统将在消息区弹出尺寸修改文本框，可在尺寸修改文本框中依次对要改变的尺寸进行修改。本例中的修改尺寸：拉伸长度 30 改为 10，直径 20 改为 40，定位尺寸 25 改为 0，定位尺寸 60 改为 0。

④ 尺寸修改完成后，弹出"组元素"对话框，如图 8.118 所示，单击"确定"按钮，即可完成相同参考复制特征的创建，如图 8.119 所示。

图 8.117 "组可变尺寸"菜单管理器

图 8.118 组元素对话框

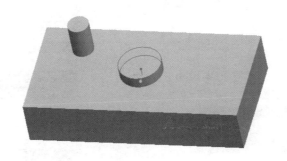

图 8.119 相同参考复制的特征

3）镜像复制

镜像复制就是将源特征按照某一个平面进行镜像，从而得到源特征的一个副本。具体操作步骤如下：

① 选择下拉菜单"编辑（E）"→ "特征操作（O）"→ "复制"，在弹出的特征复制器中依次选择"镜像""选取"和"独立"，即默认选项，单击"完成"按钮。在弹出的"选取特征"菜单管理器中，使用默认的"选取"命令。

② 选择要复制的特征，然后单击菜单管理器中的"完成"按钮，弹出如图 8.120 所示的"设置平面"菜单管理器，使用默认的"平面"命令，选择"TOP"平面作为镜像平面，即可生成镜像特征，如图 8.121 所示。

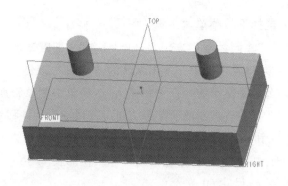

图 8.120 "设置平面"菜单管理器　　　　图 8.121　镜像复制的特征

4）平移复制

平移复制的方法与镜像复制的过程大致相同，也是在特征操作管理器中进行。

平移复制属于移动复制，是移动复制的一种方式，移动复制包括平移复制和旋转复制。平移复制的具体操作步骤如下：

① 选择下拉菜单"编辑"→"特征操作"→"复制"，然后选择"移动"→"选取"→"独立"，单击"完成"按钮，在弹出的"选取特征"菜单管理器中，使用默认的"选取"命令。

② 选择要复制的特征（圆柱），然后单击菜单管理器中的"完成"按钮，弹出"移动特征"菜单管理器，如图 8.122（a）所示，选择"平移"选项后，弹出"选取方向"菜单管理器，选择"曲线/边/轴"选项，如图 8.122（b）所示。

（a）"移动特征"菜单管理器　　　　（b）选择参照方向类型

图 8.122　选择平移特征及平移类型

③ 在模型上选择一条边作为平移的方向参照对象，系统将显示尺寸增量方向，如图 8.123（a）所示，图中的红色箭头即为尺寸增量方向，单击"确定"按钮确认图中显示的方向，如图 8.123（b）所示，若需相反的方向，单击"反向"按钮，然后点击"确定"按钮，此时，系统弹出"输入偏移距离"文本框，输入偏移距离 30，如图 8.124 所示，并单击"√"按钮确定。

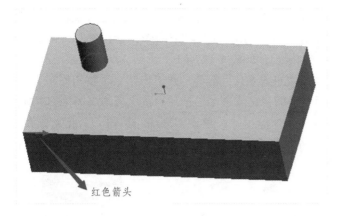

（a）选择方向参照 （b）确定平移方向

图 8.123　给定平移方向

输入偏移距离

30

图 8.124　"输入偏移距离"文本框

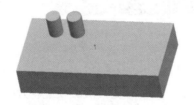

图 8.125　平移复制的特征

④ 单击"移动特征"菜单管理器中的"完成移动"按钮，系统将弹出"组可变尺寸"菜单管理器，不需要改变特征的尺寸，单击"完成"按钮，至此完成平移复制的全部设置，在弹出的"组元素"对话框中单击"确定"按钮，即可生成平移复制的特征，如图 8.125所示。

5）旋转复制

旋转复制的具体操作步骤如下：

① 选择下拉菜单"编辑"→"特征操作"→"复制"，然后选择"移动"→"选取"→"独立"，单击"完成"按钮，在弹出的"选取特征"菜单管理器中，使用默认的"选取"命令。

② 选择要复制的特征（圆柱），然后单击菜单管理器中的"完成"按钮，弹出"移动特征"菜单管理器，选择"旋转"选项后，弹出"选取方向"菜单管理器，选择"曲线/边/轴"选项，如图 8.126 所示。

图 8.126　选择参照方向

③ 在模型上选择基准轴 A_3 为旋转轴线（基准轴的创建方法参照"8.4.2 基准轴"中通过面创建基准轴，本例中选择"TOP"和"FRONT"两个面作为参照进行轴的创建），如图 8.127（a）所示，单击"确定"按钮确定，如图 8.127（b）所示，此时，系统弹出"输入旋转角度"文本框，输入旋转角度 180，如图 8.128 所示，并单击"√"按钮确定。

④单击"移动特征"菜单管理器中的"完成移动"按钮，系统将弹出图 8.117 所示的"组可变尺寸"菜单管理器，不需要改变特征的尺寸，单击"完成"按钮，至此完成旋转复制的全部设置，在弹出的"组元素"对话框中单击"确定"按钮，即可生成选择复制的特征，如图 8.129 所示。

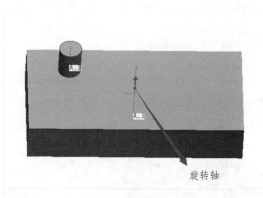 

（a）选择旋转轴线　　　　　　　　　　（b）确定旋转方向

图 8.127　确定旋转轴及旋转方向

输入旋转角度

180

图 8.128　输入旋转角度文本框

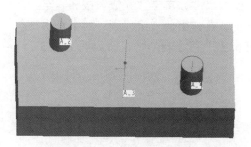

图 8.129　旋转复制的特征

8.5.2　特征镜像

镜像实际上是一种复制特征，不过它是以某个参照面作为基准复制一个副本，并且复制的副本与原物体是对称的。正是由于它具有这种特性，所以才没有将其作为复制特征，而是提供了单独的操作工具进行操作。

1. 创建特征镜像的方法

菜单："编辑（E）"→"镜像（I）"。

工具栏：基础工具栏上的 ⅠⅠⅠ 图标按钮。

2. 特征镜像操控板

特征镜像操控板如图 8.130 所示，它集中了创建特征镜像的全部菜单命令及功能按钮。"镜像"操控板包含"参照""选项"以及"属性"3 个选项。

图 8.130　镜像操控板

1）参　照

选择一个平面作为镜像参照，平面可以是基准面也可以是零件的表面。

2）选　项

确定是否使复制的特征尺寸从属于选定特征的尺寸，如图 8.131 所示。

3）属　性

该镜像特征的名称。

图 8.131　选项含义

3. 特征镜像的步骤

创建镜像特征的一般顺序为：选择镜像特征→执行镜像命令→选择镜像平面→完成。

【例 8.6】根据图 8.110，创建图 8.132 所示的模型。

采用镜像特征操作。

① 选择所要镜像的圆柱特征，如图 8.110 所示，单击"编辑"→"镜像 ⅠⅠⅠ"或基础工具栏上的 ⅠⅠⅠ 图标按钮，即可弹出"镜像"操控面板，如图 8.130 所示。

② 选择 TOP 为镜像平面，单击图 8.130 中的"√"按钮，即可完成特征的镜像，镜像的特征如图 8.132 所示。

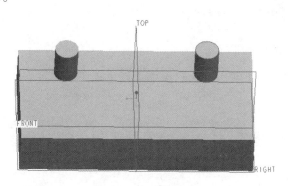

图 8.132　镜像的特征

由于本例中"选型"的选择为"复制为从属项"，因此改变镜像对象的尺寸，则所得的镜像特征尺寸随之改变。例如将圆柱的拉伸长度改为50，则镜像特征尺寸也变为50，如图8.133（a）所示。

若不勾选"选项"中的"复制为从属项"，则改变镜像对象的尺寸，不会影响镜像特征的尺寸。例如将圆柱的拉伸长度改为50，而镜像特征尺寸不会随之改变，如图8.133（b）所示。

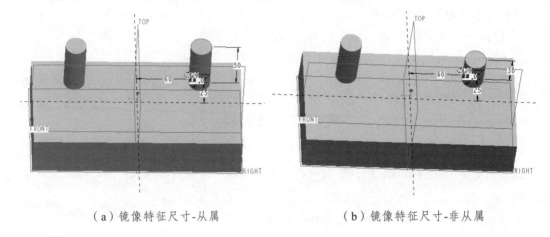

（a）镜像特征尺寸-从属　　　　　　　　（b）镜像特征尺寸-非从属

图 8.133　镜像特征从属与非从属

8.5.3　特征阵列

所谓阵列特征，实际上是一种特殊形式的复制特征，它可以按照特征分布形式产生多个特征副本。操作的方法是在编辑区域中或者目录树上选择特征，单击特征工具栏上的"阵列"按钮或者打开阵列特征操控面板。按照阵列特征的阵列方式，可以将其分为尺寸阵列、表阵列、轴阵列、参照阵列和填充阵列5种类型，其中尺寸阵列和圆周两种阵列方式是最为常用的阵列类型。

1. 创建特征阵列的方法

菜单："编辑（E）"→　"阵列（P）"。
工具栏：基础工具栏上的▦图标按钮。

2. 特征阵列操控板

特征阵列操控板如图8.134所示，它集中了创建特征阵列的全部菜单命令及功能按钮。

图 8.134　"阵列"操控板

单击"尺寸"选项的下拉箭头，即可弹出阵列的创建类型，如图8.135所示。

图 8.135　阵列创建类型

由图 8.135 可知，阵列创建的类型有 8 种，但常用的有以下几种：

（1）尺寸：通过尺寸驱动指定阵列的增量变化来创建阵列。

（2）方向：通过指定方向及方向增量控制生成阵列。方向阵列可以沿单向，也可以沿双向。

（3）轴：通过指定角度增量和径向增量来控制生成阵列。采用轴阵列方式，需指定一个旋转轴。

（4）填充：利用阵列填充草绘平面。

3．特征阵列的步骤

1）尺寸阵列

尺寸阵列通常用"尺寸"来控制，分为矩形阵列和环形整列。

（1）矩形阵列。

① 在模型中选择圆柱（拉伸 2）作为阵列对象，如图 8.136 所示，选择下拉菜单"编辑"→"阵列"，或单击"编辑特征"工具栏中"阵列"按钮 。

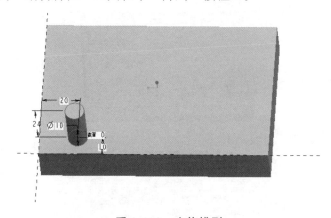

图 8.136　实体模型

② 在弹出的图 8.132 所示的"阵列"操控板中选择"尺寸"方式，选择第一方向引导尺寸 20，并在"方向 1"文本框中输入 40，如图 8.137（a）所示，也可以在"尺寸"对话中的"增量"中进行修改，如图 8.137（b）所示；单击"方向 2"的尺寸栏中的"单击此处添加项目"按钮，选择第二方向的引导尺寸 10，并输入增量尺寸 30。增量尺寸 40 表示沿尺寸方向 1（x）的阵列间距为 40，增量尺寸 30 表示沿方向 2（y）的阵列间距为 30。

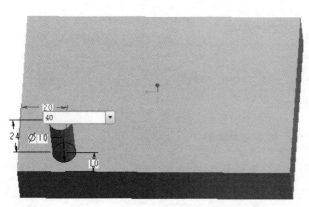

（a）确定增量尺寸方式 1　　　　　　　　　　（b）确定增量尺寸方式 2

图 8.137　指定阵列方向与间距控制参数

③ 指定第一、第二方向的阵列个数，本例中均为 2 个，如图 8.138 所示，此时工作区模型中将显示阵列的位置，如图 8.139 所示，单击"阵列"操控板的"√"按钮，即可完成矩形阵列的创建，所创建的特征实体如图 8.140 所示。

图 8.138　指定阵列数量参数

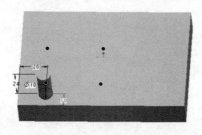

图 8.139　阵列特征预览

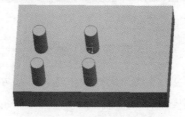

图 8.140　矩形阵列特征实体

如要删除所要创建的阵列特征，则在模型树中单击所要删除的阵列特征名称，点击鼠标右键，在弹出的快捷菜单中选择"删除阵列"命令即可对阵列进行删除，如图 8.141 所示。

注意："删除"命令将阵列特征以及原特征全部删除。

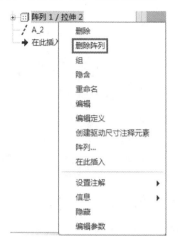

图 8.141　删除阵列特征

（2）环形阵列。

环形阵列通常用"轴"方式定义，具体操作步骤如下：

① 下拉菜单"编辑"→"阵列"，或单击"编辑特征"工具栏中的"阵列"按钮▦。如图 8.142 所示的环形阵列模型，在模型中选择圆柱作为阵列对象。

图 8.142　环形阵列模型

② 在弹出的图 8.138 所示"阵列"操控板中单击"尺寸"选项的下拉箭头选择"轴"方式控制阵列，此时选择基准轴线圆盘的基准轴，如图 8.143 所示。

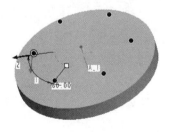

图 8.143　选择基准轴线

③ 设置阵列数量及角度。在"阵列"操控板中的"阵列数量"文本框中输入数量值 6，在"增量文本框"中输入角度增量值 60，如图 8.144 所示，单击"√"按钮完成环形阵列的创建，所创建的阵列实体如图 8.145 所示。

图 8.144 阵列数量及间隔角度设置

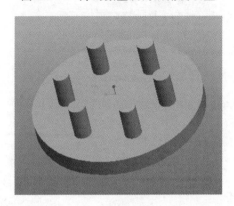

图 8.145 环形阵列实体

8.5.4 特征缩放

特征的缩放可按一定比例对所设计的模型进行整体的放大和缩小。

1. 创建特征缩放的方法

菜单：“编辑（E）”→“缩放模型（L）”。

2. 特征缩放的步骤

创建缩放的一般顺序：选择缩放对象→执行特征缩放命令→输入缩放比例→完成。

（1）选择要进行缩放的特征，如图 8.146 所示的模型直径为 60，高度为 20，选择下拉菜单“编辑”→“缩放模型”，将弹出“输入比例”文本框。

（2）输入比例 2，如图 8.147 所示，单击“√”按钮，弹出如图 8.148 所示的模型缩放确定对话框。

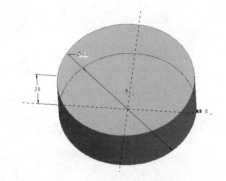

图 8.146 缩放特征模型

（3）单击对话框中的“是”按钮，即可完成缩放特征的创建，所创建的缩放特征尺寸是原特征尺寸的两倍，如图 8.149 所示。

图 8.147 输入比例

图 8.148　模型缩放确定对话框

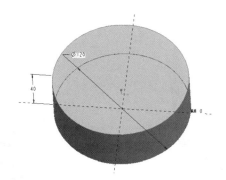

图 8.149　缩放特征实体

8.5.5　特征编辑

在 Pro/E5.0 中,可以通过"编辑""动态编辑"和"编辑定义"等命令对特征的尺寸和参照参数进行编辑和修改。

1. 编　辑

"编辑"命令可以对特征的每一个尺寸参数重新设置,但需通过"再生"命令重新生成模型,特征编辑的步骤如下:

(1)执行"编辑"命令。在模型树中选择要编辑的特征,单击鼠标右键,弹出如图 8.150 所示的快捷菜单,在弹出的快捷菜单中选择"编辑"选项,工作区中将会显示特征的所有尺寸数值(或直接在工作区双击特征也可显示特征的尺寸数值),如图 8.151 所示。

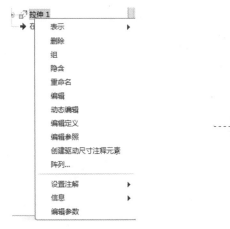

图 8.150　特征快捷菜单

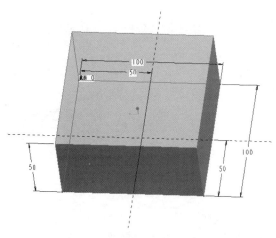

图 8.151　特征尺寸显示

（2）修改尺寸值。双击要修改的尺寸，在弹出的文本框中输入新值即可。本例中选择长方体的高度，将拉伸高度 50 修改为 100，单击"Enter"键确定，则拉伸高度数值变为 100（但此时模型大小并没有改变），如图 8.152 所示。

（3）再生。单击标准工具栏中的"再生"按钮 ，即可完成对模型的修改，模型的拉伸高度即变为 100，如图 8.153 所示。

特征的删除、重命名等也可以在图 8.150 所示的快捷菜单中进行操作。

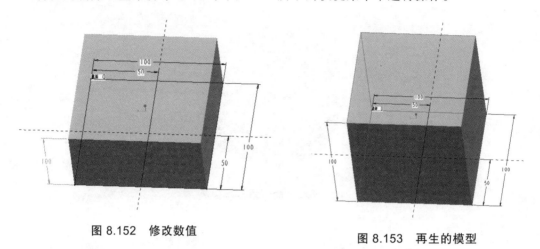

图 8.152　修改数值　　　　　　　　　　图 8.153　再生的模型

2. 动态编辑

"动态编辑"命令可以通过鼠标的拖动实时改变模型的尺寸，也可直接双击尺寸值修改尺寸，并实时生成相应尺寸的模型。特征动态编辑的步骤如下：

（1）执行"动态编辑"命令。

在图 8.150 所示的快捷菜单中选择"动态编辑"选项，则工作区的模型如图 8.154 所示。在尺寸 50 的上顶点出现一个白色方框，且鼠标箭头变为"十"字形，可对白色方框在拉伸方向进行拖动。

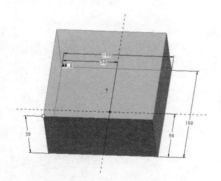

图 8.154　执行动态编辑的模型

（2）修改尺寸。

通过鼠标箭头拖动白色方框改变拉伸数值，如图 8.155 所示。拖动至一定数值（100）后，可单击鼠标确定，即可完成模型的动态编辑，修改后的模型图 8.156 所示；也可双击尺寸值弹出尺寸文本框，通过输入数值修改。

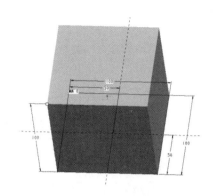

图 8.155　拖动后的模型

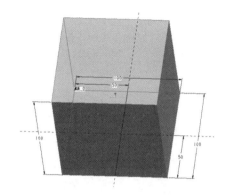

图 8.156　动态编辑完成后的模型

3. 编辑定义

"编辑定义"是通过输入数值的方法改变尺寸，可重新定义特征的所有元素。特征编辑定义的步骤如下：

（1）执行"编辑定义"命令。在图 8.150 所示的快捷菜单中选择"编辑定义"选项，弹出图 8.157 所示的操控板，工作区的模型如图 8.151 所示。

（2）修改尺寸。可直接双击图 8.151 所示的尺寸值，输入 100，单击"√"按钮，即可完成特征的编辑定义，修改后的模型如图 8.158 所示，与图 8.156 相同。

图 8.157　特征操控板

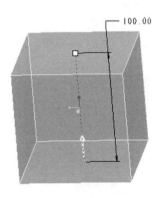

图 8.158　执行编辑定义后的模型

8.5.6　特征成组

特征成组是将多种特征组合起来作为一个广义的特征，成组后的特征和单独的特征类似，可进行删除、分解、隐含、编辑等操作。

注意：欲成为组的数个特征在模型树中必须是连续的。

按住"Ctrl"键，在模型树中选择要组合的特征，然后单击鼠标右键，在弹出的快捷菜单中选择"组"选项，如图 8.159（a）所示，即可完成特征成组，成组后的默认名称为"组 LOCAL_GROUP"，如图 8.159（b）所示。

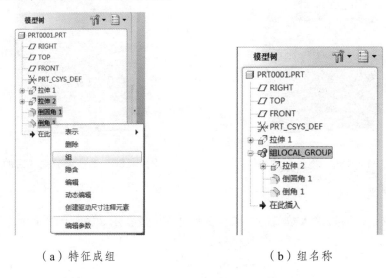

（a）特征成组   （b）组名称

图 8.159 特征成组和组名称

8.6 曲面特征操作

曲面特征主要用于创建形状复杂的零件。因为实体特征创建方式较为固定，对于复杂程度较高的零件，单独使用实体特征创建时困难，而曲面特征提供了弹性化的方式来创建合适的曲面面组，最后可将曲面转化为实体，这样不但操作简单，而且也能创建出比较复杂的零件模型。

8.6.1 曲面特征简介

在 Pro/E 5.0 中，创建曲面的方法与创建实体的方法基本相同，也可以分为拉伸曲面、旋转曲面、扫描曲面、混合曲面等，与创建实体特征不同的是在操控面板中单击 🗀 按钮，表示将创建曲面特征。本书主要介绍常见曲面的创建方法。

1．拉伸曲面创建

使用拉伸曲面创建曲面特征时，一般草绘的剖面图形都是各种曲线，而且绘制的曲线也并不一定封闭，这是由曲面的特殊性质决定的。

1）创建拉伸曲面特征的方法

菜单："插入（I）"→"拉伸（E）"。

工具栏：基础工具栏上的 图标按钮。

2）创建拉伸曲面特征的步骤

创建拉伸曲面特征与创建拉伸实体特征类似，其一般顺序：进入"拉伸"操控板→选择曲面按钮 →定义草绘平面及其参照平面→绘制拉伸剖面→确定拉伸方向→指定拉伸特征深度。

绘制如图 8.160 所示的曲线，输入拉伸深度值后，所创建的拉伸曲面如图 8.161 所示。

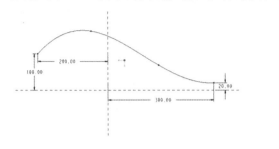

图 8.160　拉伸剖面

图 8.161　拉伸曲面特征

2. 创建曲面边界混合

1）创建曲面边界混合特征的方法

菜单："插入（I）"→"边界混合（B）"。

工具栏：基础工具栏上的 图标按钮。

2）曲面边界混合操控板

曲面边界混合操控板如图 8.162 所示，它集中了创建曲面边界混合特征的全部菜单命令及功能按钮。

图 8.162　边界混合操控板

3）创建曲面边界混合特征的步骤

① 在菜单栏选择"插入（I）"→"边界混合（B）"或者单击工具栏上的 图标按钮弹出操控板。

② 单击工具栏上的 工具，弹出草绘对话框，选取 FRONT 面为草绘平面，单击"草绘"并单击"草绘"按钮进入草绘环境，绘制 ϕ130 圆，完成后，退出草绘器。

③ 使用"基准面"工具 ，通过偏移方式创建一个基层准平面 DTM1，DTM2。该平面与 FRONT 偏距为 100，300。

④ 再次单击工具箱上的 按钮，在弹出的"草绘"对话框中分别选取新创建的基平面 DTM1 和 DTM2 作为草绘平面，然后单击"草绘"按钮再次进入草绘环境。在草绘环境中绘制两个圆，绘制完成后单击工具箱上的"√"按钮，退出草绘器，如图 8.163 所示。

⑤ 单击操控板上的 ，按住"Ctrl"键依次选择要混合的 3 个圆，如图 8.164 所示，单

击"边界混合"操控板的"√"按钮，即可完成曲面边界混合的创建，所创建的曲面如图 8.165 所示。

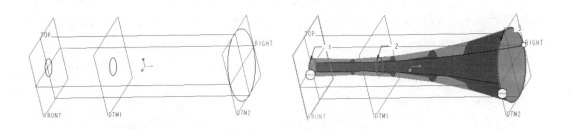

图 8.163　曲线模型　　　　　　　图 8.164　选择边界混合曲线

图 8.165　边界混合曲面

8.6.2　曲面特征编辑

曲面特征的"复制""镜像"等操作与实体特征类似，不再讲述，本节主要是对曲面特征的曲面延伸、曲面偏移、曲面合并和加厚等编辑操作进行介绍。

1. 曲面延伸

要激活"延伸"工具，必须先选取要延伸的边界边链。

1）创建曲面延伸特征的方法

菜单："编辑（E）"→"延伸（X）"。

2）创建曲面延伸特征的步骤

① 单击曲面的一条边，如图 8.166 所示。

② 选择下拉菜单"编辑（E）"→"延伸（X）"命令，弹出如图 8.167 所示的操控板。

图 8.166　选择延伸曲面的边

图 8.167　延伸操控板

③ 输入延伸距离 20，"延伸"操控板中"选项"的设置为默认设置，如图 8.168 所示，则工作区显示延伸预览，如图 8.169 所示，单击"延伸"操控板的"√"按钮，则完成曲面延伸的创建，如图 8.170 所示。

图 8.168　延伸选项设置

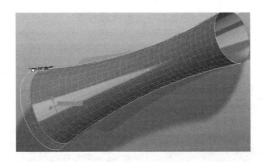

图 8.169　延伸预览

图 8.170　延伸后的曲面

2. 曲面偏移

偏移曲面能够以现有的曲面或指定的草图截面为偏移参照，然后偏移指定的距离，从而创建新的曲面。使用该编辑方式，可建立多种类型的偏移特征。注意在使用偏移之前先要选取偏移曲面对象。

1）创建曲面偏移特征的方法

菜单："编辑（E）"→"偏移（O）"。

2）创建曲面偏移特征的步骤

① 选择要偏移的曲面，如图 8.171 所示。

图 8.171　选择要偏移的曲面

② 在菜单中选择"编辑（E）"→ "偏移（O）"，弹出曲面偏移操控板，如图 8.172 所示，它集中了创建曲面偏移特征的全部菜单命令及功能按钮。

图 8.172　偏移操控板

③ 输入偏移距离 20，单击图中箭头或"偏移"操控板中的 ✗ 按钮可改变偏移方向，工作区的曲面偏移预览如图 8.173 所示，单击"偏移"操控板中的"√"按钮，即可完成曲面的偏移，偏移的曲面如图 8.174 所示。

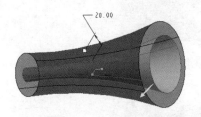

图 8.173　曲面平移预览

图 8.174　偏移的曲面

3. 曲面合并

通过曲面合并，可以将多个曲面变为一个曲面。需注意，合并的两个曲面要相交。

1）创建曲面合并特征的方法

菜单："编辑（E）"→"合并（G）"。

工具栏：基础工具栏上的 ⬚ 图标按钮。

2）曲面合并操控板

曲面合并操控板如图 8.175 所示，它集中了创建曲面合并特征的全部菜单命令及功能按钮。

图 8.175　曲面合并操控板

操控板中"选项"的类型如图 8.176 所示。

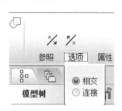

图 8.176　曲面合并的选项

相交：合并两个相交的面组，可选择性地保留原始面组的各部分。

连接：合并两个相邻的面组，一个面组的一侧边必须在另一个面组上。

⅄：改变要保留的第一面组的侧。

⅄：改变要保留的第二面组的侧。

3）创建曲面合并特征的步骤

① 按住"Ctrl"键，选择要合并的两个曲面，如图 8.177 所示。其中，平面为"拉伸 1"，圆柱曲面为"拉伸 2"，如图 8.178 所示。

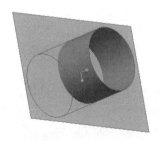

图 8.177　选择合并曲面

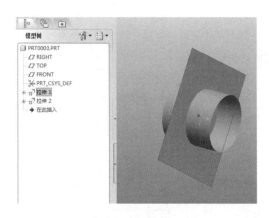

（a）平面-拉伸 1

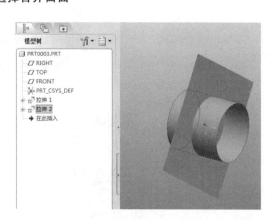

（b）圆柱曲面-拉伸 2

图 8.178　要合并的两个曲面

② 单击"编辑特征"工具栏的"合并"按钮 🖵，或选择下拉菜单"编辑"→"合并"命令，弹出"曲面合并"操控板，如图 8.175 所示，且工作区的曲面如图 8.179 所示。图中的箭头指要保留的部分，通过单击箭头可改变方向，也可通过"曲面合并"操控板的 ⅍、⅍ 按钮进行改变，单击"曲面合并"操控板的"√"按钮，即可完成曲面的合并，合并后的曲面如图 8.180 所示。

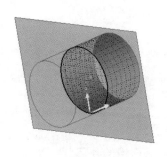

图 8.179　曲面合并预览

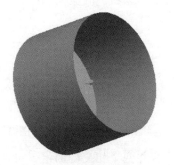

图 8.180　合并的曲面

4. 曲面修剪

1）曲面修剪的方法

菜单："编辑（E）"→"修剪（T）"。

工具栏：基础工具栏上的 🖵 图标按钮。

2）曲面修剪的步骤

① 选择修剪曲面，本例中选择的是圆柱面（拉伸 2），如图 8.178（b）所示。

② 选择下拉菜单"编辑"→"修剪"命令，或单击"特征编辑"工具栏中的"修剪"按钮 🖵，弹出操控板，如图 8.181 所示。

③ 根据信息栏的提示"选取任意平面、曲线链或曲面以用作修剪对象"，选取圆柱曲面为修剪对象，如图 8.182 所示，单击图中的箭头或操控板的 ⅍ 按钮，可改变所需保留的方向，设置完成后，单击操控板的"√"按钮，即可完成曲面的修剪，修剪后的曲面如图 8.183 所示。

图 8.181　修剪操控板

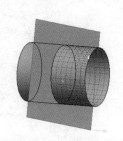

图 8.182　选取修剪对象

图 8.183　修剪后的曲面

5. 曲面加厚

通过曲面加厚，可以将曲面变为实体。

1）曲面加厚的方法

菜单："编辑（E）"→ "加厚（K）"。

2）曲面加厚的步骤

① 单击图 8.184 所示的曲面。

图 8.184　所选曲面

② 选择下拉菜单 "编辑" → "加厚" 命令，弹出如图 8.185 所示的 "加厚" 操控板。

图 8.185　"加厚" 操控板

③ 工作区的加厚预览特征如图 8.186 所示，可通过单击图中箭头改变加厚方向，或通过单击 "加厚" 操控板中的 ✗ 按钮进行改变，在 "总加厚偏移值" 文本框输入数值 5，单击 "√" 按钮，即可完成曲面的加厚，所得到的加厚实体如图 8.187 所示。

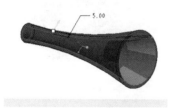　　　　　

图 8.186　加厚特征预览　　　　　　　图 8.187　加厚特征实体

6. 曲面实体化

曲面实体化可将封闭的曲面通过添加（或去除材料）生成实体模型。

1）曲面实体化的方法

菜单："编辑（E）"→ "实体化（Y）"。

2）曲面实体化的步骤

① 选择要实体化的封闭曲面，如图 8.188（a）所示，其剖开曲面如图 8.188（b）所示（由于实体化后的曲面在外观上与未实体化的曲面相同，因此将曲面及实体化曲面剖开对比）。

② 选择下拉菜单"编辑"→"实体化"命令，弹出实体化操控板，如图 8.189 所示，单击"√"按钮即可完成曲面的实体化，得到的曲面实体如图 8.190 所示。

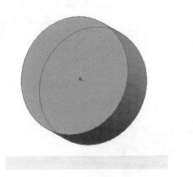 

（a）选择的封闭曲面　　　　　　　　（b）曲面剖开图

图 8.188　需实体化的曲面

图 8.189　实体化操控板

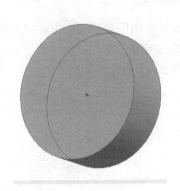 

（a）实体化特征　　　　　　　　（b）实体化特征剖开图

图 8.190　实体化的特征

习 题

8-1 根据图 8.191 所示的尺寸，利用基本特征完成零件的实体造型。

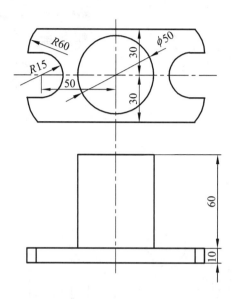

图 8.191 题 8-1 图

8-2 创建如图 8.192 所示的零件。

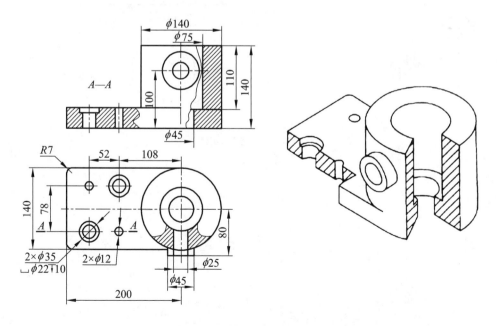

图 8.192 题 8-2 图

8-3 利用曲面特征创建图 8.193 所示的模型。

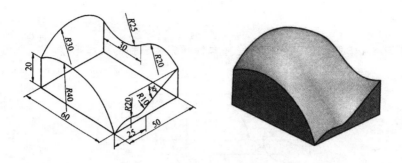

图 8.193 题 8-3 图

8-4 完成图 8.194 所示的零件的造型。

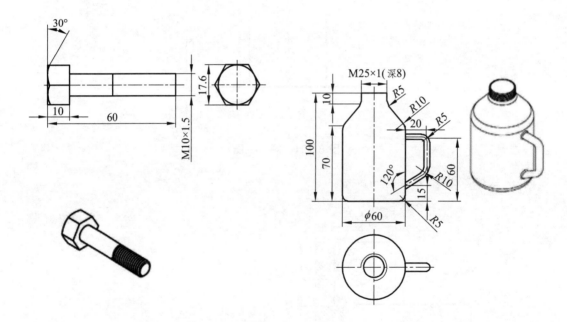

图 8.194 题 8-4 图

9 Pro/E5.0 装配设计

在 Pro/E 中，可以轻易完成机械部件的组装工作，并且系统支持大型、复杂部件的创建和管理。由于 Pro/E 采用单一数据库，因此，变更部件的尺寸会立即传递到组件和工程图。在 Pro/E 的装配功能模块中，可以将元件（包括零件和自装配件）组合成装配件，并可以对该装配件进行修改、分析等操作。通过互换装配件、设计管理器等工具，还可以进行大型复杂装配件的设计和管理。本章将主要介绍 Pro/E 中机械装配过程中装配约束、常见机构的装配和仿真等相关知识。

学习目标：熟悉 Pro/E5.0 软件的装配设计界面，掌握零件装配的约束类型，熟悉常用机构装配过程，掌握结构爆炸视图的形成。

9.1 Pro/E5.0 装配设计简介

9.1.1 装配方法

装配有传统的装配方式和自顶向下的装配设计两种。传统装配就是把设计好的零件按照一定的装配方式把它们组合在一起的过程，就是设计师在没有零件的基础上，先进行设计装配，然后再创建零件的过程。采用 Pro/E 软件装配模块进行装配设计，主要有两种方法，即自底向上和自顶向下。

1. 自底向上的装配方法

这种装配方法首先生成底层的基本零件，然后由这些零件装配成各部件，再由部件装配成整个总装配体。这种方法比较直观，易于初学者理解和掌握，适用于比较成熟的产品设计。

2. 自顶向下的装配方法

首先生成装配件的布局关系，然后根据这种布局关系生成装配件。

在新产品研发过程中，在设计初期往往只有一个大概的设计方案和轮廓，不可能从开始阶段就细化到每个零件的细节，此时宜采用自顶向下的设计方法。这种方法是根据初期的设计轮廓制定产品的装配布局关系，或绘制产品的骨架模型，从而给出产品的大致外观尺寸和功能概念，然后再逐步对产品进行细化，直到每一个单个零件的设计，即从装配体到零件设计的过程。这种方法主要适用于需要频繁修改的产品。

在产品的实际装配设计过程中，更多的情况是根据产品特点综合运用这两种设计方法。在本书中，主要介绍自底向上的装配方法。

9.1.2 装配界面简介

1. 进入装配环境

（1）单击菜单下的"文件（F）"→"新建（N）"、工具栏的按钮□或者快捷键"CTRL +
N"后，系统弹出对话框。

（2）在弹出的对话框类型中选择"组件"，子类型中选择"设计"，在"名称"文本框中
输入装配文件的名称，禁用"使用缺省模块"复选框，如图9.1所示，在弹出的对话框中选择
"mns_asm_solid"选项，如图9.2所示，点击确定，进入零件的装配界面，如图9.3所示。

图 9.1　类型选项

图 9.2　模板选项

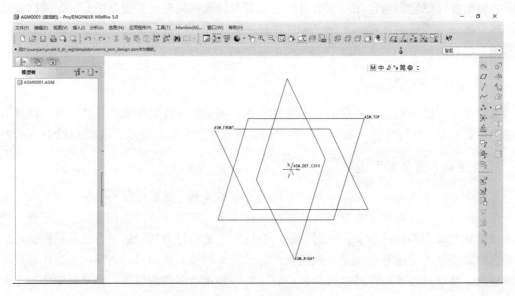

图 9.3　装配界面

在组件模式下，系统会自动创建 3 个基准平面 ASM-FRONT、ASM-TOP、ASM-RIGHT
与 1 个坐标系 ASM-CSYS-DEF，使用方法和零件模式相同。

2. 装配界面中常用的指令

在零件的装配过程中主要用到的命令集中在"插入""编辑"和"视图"菜单下。常用的主要命令功能描述如下：

（1）"插入（I）"→"元件（C）"操作，如图 9.4 所示，主要是对装配件进行装配、创建和封装等操作。即调入零件开始创建装配件，在装配件的基础上再新建新的三维特征，如圆角等。

（2）"编辑（E）"→"元件操作（O）"操作，如图 9.5 所示，主要是对装配件进行复制、成组、合并、删除等操作。

（3）"视图（V）"→"分解（X）"操作，如图 9.6 所示，编辑位置和分解视图主要是创建并修改装配件的爆炸图。

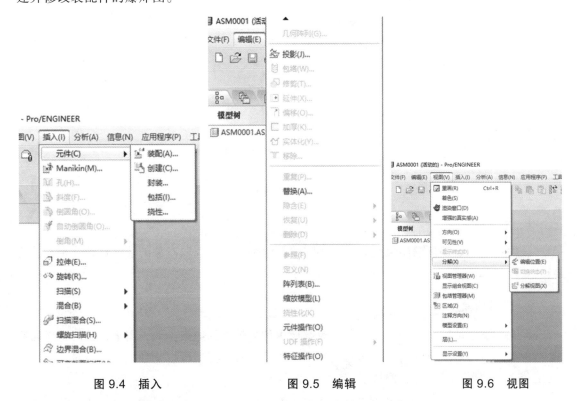

图 9.4　插入　　　　　　　　　图 9.5　编辑　　　　　　　　　图 9.6　视图

9.1.3　零件装配的基本步骤

（1）启动软件，选择零件装配模式，输入装配文件名称，进入装配环境界面。

（2）在菜单栏选择　"插入"　→"元件"→"装配"或者单击工具栏上的 按钮，系统从弹出的对话框选择零件，单击"打开"按钮，将原件调入装配界面中。

（3）采用同样的方法调入不同的装配零件，并设置零件之间的装配关系，即装配时的约束、爆炸视图、调整装配位置等。

（4）保存文件。

9.2 常用装配约束类型

在进行组件装配时，为了放置或定位元件，必须使用各种约束方式。所谓装配约束，就是零件之间的配合关系，它的作用是确定各个零件的相对位置关系。通常需要设置多个约束条件来确定各个零件之间的相对位置。

9.2.1 约束的类型

在载入元件后，单击"元件放置"操控板中的"放置"按钮，打开"放置"面板，其中包含了 11 种约束，如图 9.7 所示。

图 9.7 装配约束的类型

1. 自 动

该约束是系统默认的约束关系，能够根据在两个元件上选取对象的情况自动确定一种适当的装配关系。

2. 配对约束

在 Pro/E5.0 的装配环境中，配对约束是使用最为频繁的约束方式，用来设置两个平面或基准平面的"面对面"的关系，即两个参照的法线方向互相平行，并且互相指向对方。配对约束分为 3 种形式：重合、偏移或定向，如图 9.8 所示。

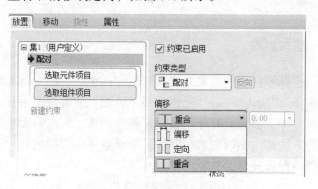

图 9.8 配对约束的 3 种形式

（1）重合：面与面完全接触贴合，法线方向相反。装配时分别单击选中两个面后类型自动设置为配对，单击偏移文本框下拉箭头选中重合选项，选中的两个面完全重合。

（2）偏移：两个平面法线方向平行，方向相反，且两个平面之间有一定的距离。

（3）定向：面与面相向平行，可以确定新添元件的方向，不能设置间隔距离。定向须通过添加其他约束准确定位元件。

3. 对齐约束

与配对约束类似，对齐约束是用来约束两个平面互相贴合（两个平面的法线方向相同、重合或有一定间距）、两条轴线共线或两点重合，如图9.9所示。平面的对齐约束可以分为3种形式：重合、偏距或定向。

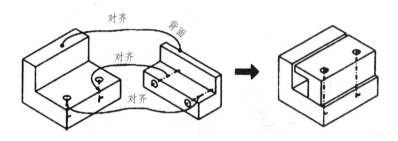

图9.9 对齐约束

注意：使用"配对"和"对齐"时，所选两个参照必须为同一类型（如平面对平面、旋转曲面对旋转曲面、点对点、轴线对轴线）。若偏移类型选择为"偏距"，输入偏距值后，系统将显示偏距方向，如果要反向偏距，采用负偏距值即可。

4. 插入约束

使用插入约束可以将一个旋转面插入另一个旋转面中，使两个旋转面共线。插入约束一般用在轴和孔的配合中，使各自的轴心线重合，如图9.10所示。

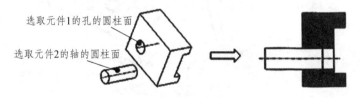

图9.10 插入约束

5. 坐标系约束

利用坐标系约束，可将元件的坐标系与组件的坐标系对齐，即一个坐标系中的 X、Y、Z 轴分别与另一个坐标系中的 X、Y、Z 轴对齐，如图9.11所示这种约束可以一次完全定位指定元件，完全限制6个自由度。向装配设计界面添加第一个零件时（即机架），可以采用这种约束形式。

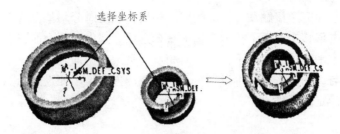

图 9.11　设置坐标系的约束

6. 相切约束

使用相切约束控制两个曲面在切点位置的接触，也就是说两元件以相切的方式装配，如图 9.12 所示。

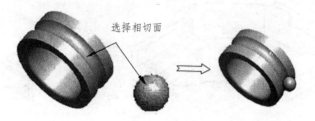

图 9.12　相切约束

7. 直线上的点约束

用于控制装配体上的边、轴或基准曲线与新载入元件上的点之间的接触，"点"可以是零件或装配体上的顶点或基准点，如图 9.13 所示。

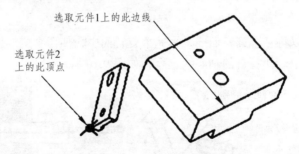

图 9.13　直线上的点约束

8. 曲面上的点约束

这种约束控制曲面与点之间接触，可以用零件或装配体的基准点、曲面特征、基准平面或零件的实体曲面作为参照。

9. 曲面上的边约束

可控制曲面与平面边界之间的接触，可以将一条边线约束到一个平面，也可以使用基准平面、平面零件或者装配体曲面特征作为参照。

10. 固　定

固定约束是将元件固定在装配设计界面的当前位置，向装配设计界面添加第一个零件时（即机架），可以采用这种约束形式。

11. 缺　省

缺省约束是约束元件的默认坐标系与组件的默认坐标系重合，向装配设计界面添加第一个零件时（即机架），常常采用这种约束形式。

注意：一个约束只能约束一对对象，例如不能 4 个平面一起对齐，装配后将显示装配情况如"部分约束"或"完全约束"，分别表示未完成装配和完成装配。

9.2.2　添加约束的一般步骤

添加装配元件后，通过在"放置"子面板中选择装配约束，可以指定一个元件相对于另一个元件的放置方式和位置。多个装配约束进行组合，最终可以达到将元件完全约束的结果。是否将元件完全约束应根据该元件在装配体中的具体运动情况而定，通过装配约束进行组合的主要目的是为了确保两元件之间的相对位置关系正确。

装配约束定义的一般步骤：指定约束类型→选择约束集→设置偏移类型。

9.2.3　装配元件的显示

新加入的元件或者组件有多种显示方式，以方便选取约束参照，包括独立窗口显示元件和在组件窗口中显示元件两种情况，同时也允许两种显示模式并存，由元件放置的操控面板决定，如图 9.14 所示。

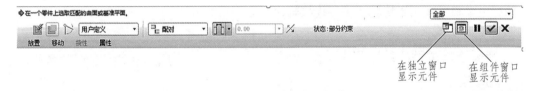

图 9.14　元件放置操控面板

1. 独立窗口显示元件

新载入的元件与装配体在不同的窗口显示，这种显示窗口有利于约束设置，从而避免设置约束时反复调整组件窗口。另外，新载入组件的窗口的大小和位置可随意调整，装配完后窗口自动消失。

2. 组件窗口显示元件

载入装配元件后，系统进入约束的设置界面。默认情况下，"元件放置"操控面板中的组件窗口中显示元件的按钮处于选择状态，即新载入的元件和装配体显示在同一窗口。

3. 两种窗口显示元件

在 ⊡⊡ 这两个按钮同时处于激活状态下时，新载入的元件将同时显示在独立窗口和组件窗口中。执行此设置后，可以查看新载入元件的结构特征，还可以查看在设置约束后元件与装配体的定位效果。

9.3　常用机构装配与仿真

9.3.1　机构装配与仿真常见术语

机构：由一定数量的连接元件和固定元件所组成，能完成特定动作的装配体。

连接元件：以"连接"方式添加到一个装配体中的元件。连接元件与其被连接元件之间有相对运动。

固定元件：以一般的装配约束添加到一个装配体中的元件。固定元件与其被附着的元件之间没有相对运动。

接头：即连接类型，如销钉、圆柱等。

自由度：各种连接类型提供的不同运动类型的数目。

主体：机构中彼此间没有相对运动的一组元件（或一个元件）。

基础：机构中固定不动的一个主体。其他主体可相对于"基础"运动。

伺服电动机：为机构的平移或旋转提供驱动。可以在接头或几何图元上放置伺服电动机，并指定位置、速度或加速度与时间的函数关系。

执行电动机：作用于旋转或平移连接轴而引起运动的力。

9.3.2　装配连接类型（约束集）

在装配的过程中如果将一个元件以"连接"的方式添加到机构模型中，则该元件相对于被连接元件具有某种相对运动。

1. 添加连接元件的步骤

添加连接元件的方法与添加固定元件的方法大致相同。具体方法如下：

① 选择主菜单"插入"→"元件"→"装配"命令或者单击工具栏上的"将元件添加到组件" 图标，弹出如图 9.15 所示的"打开"对话框，选择要装配的零件，单击"打开"按钮并打开一个元件。

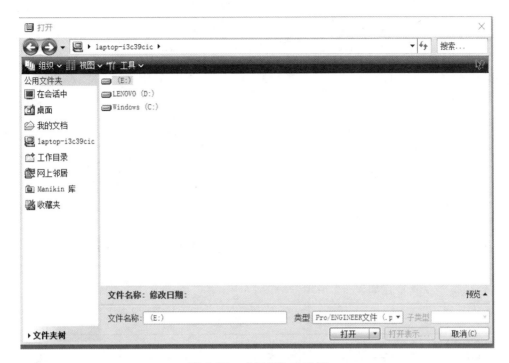

图 9.15　"打开"对话框

② 系统会弹出"元件放置"操控板，如图 9.14 所示，点击"用户定义"后的三角符号，里面提供了多种"连接类型"的约束集，如图 9.16 所示，各种连接类型允许不同的运动方式，每种连接类型都与一组预定义的"约束类型"相关联。例如，一个销钉连接需要定义一个轴对齐和一个平移（即平面对齐或点对齐），如图 9.17 所示，也就使该元件可以相对于被连接元件旋转，但不能移动。

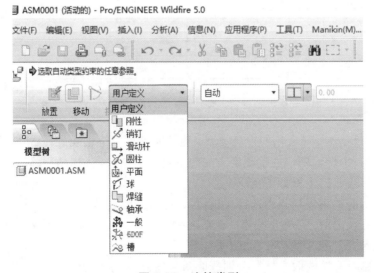

图 9.16　连接类型

图 9.17　销钉连接约束类型

2. 连接的类型

"连接"的意义在于定义元件与元件之间的相对运动关系，为机构运动仿真及其他后续工作做准备。

各连接类型及其特点如表 9.1 所示。

表 9.1　连接类型特点

连接类型	自由度		约　束
	平　移	旋　转	
销钉	0	1	轴对齐、平面或点对齐
圆柱	1	1	轴对齐
滑动杆	1	0	轴对齐、平面或点对齐
平面	2	1	平面匹配或对齐
球	0	3	点对齐
轴承	1	3	点与边或轴线对齐
刚性	0	0	完全
焊缝	0	0	坐标系对齐
6DOF	3	3	无
槽	1	1	直线上的点

1）销　钉

销钉连接是最基本、最常用的连接类型，连接元件可以绕轴线旋转，但不能沿轴线移动，即销钉连接提供一个转动副。连接预定义的约束是一个轴对齐和一个平移（即平面对齐或点对齐）。创建销钉连接的步骤如下：

① 在操控板的约束集列表中选择"销钉"，此时系统显示"装配"操控板。

② 单击操控板中的"放置"按钮，在系统弹出的界面中可看到，销钉连接包含两个预定义的约束："轴对齐"和"平移"，如图 9.17 所示。

③ 选取"轴对齐"选取参照。分别选取图 9.18 中的两条轴线。

④ 选取"平移"选取参照。分别选取图9.18中的两个平面以将其对齐。

图 9.18　销钉连接约束选择

2）圆　柱

连接元件既可以绕轴线旋转，也可以沿轴线平移，即圆柱连接提供一个转动副和一个移动副。连接预定义的约束只有一个轴对齐。创建圆柱连接的步骤如下：

① 在操控板的约束集列表中选择"圆柱"，此时系统显示"装配"操控板。

② 单击操控板中的"放置"按钮，在系统弹出的界面中可看到圆柱连接的预定义的约束：轴对齐。

③ 选取"轴对齐"参照。分别选取图9.19中的两条轴线。

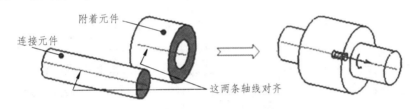

图 9.19　圆柱连接

3）滑动杆

连接元件只能沿着轴线相对于被连接元件移动，即滑动杆连接只提供了一个移动副。滑动杆连接预定义的约束是一个轴对齐和一个平面匹配或对齐，以限制连接元件的转动。创建滑动杆连接的步骤如下：

① 在操控板的约束集列表中选择"滑动杆"，此时系统显示"装配"操控板。

② 单击操控板中的"放置"按钮，在系统弹出的界面中可看到滑动杆连接的预定义的约束：轴对齐。

③ 选取"轴对齐"参照。分别选取图9.20中的两条轴线。

④ 选取"平移"参照。分别选取图9.20中的两个表面以将其对齐。

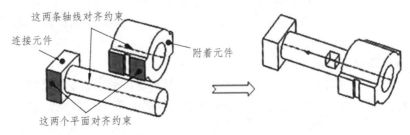

图 9.20　滑动杆

4）平　面

连接元件可以在一个平面内相对于被连接元件移动，也可以绕着垂直该平面的轴线相对被连接元件转动，即平面连接提供了两个移动副和一个转动副。平面连接预定义的约束是平面匹配或对齐。创建平面连接的步骤如下：

① 在操控板的约束集列表中选择"平面"，此时系统显示"装配"操控板。

② 单击操控板中的"放置"按钮，在系统弹出的界面中可看到平面连接的预定义的约束：对齐。

③ 选取"对齐"参照。分别选取图 9.21 中的两个表面。

图 9.21　平面

5）球

球连接使连接元件在约束点上可以沿任意方向相对于被连接元件旋转，即球连接提供了3 个转动副。球连接预定义的约束是点对齐。创建球连接的步骤如下：

① 在操控板的约束集列表中选择"球"，此时系统显示"装配"操控板。

② 单击操控板中的"放置"按钮，在系统弹出的界面中可看到球连接的预定义的约束：对齐。

③ 选取"对齐"参照。分别选取图 9.22 中的两个点。

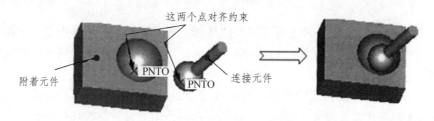

图 9.22　球

6）轴　承

轴承连接是球连接和滑动杆连接的组合，使连接元件既可以在约束点上沿任何方向相对被连接元件旋转，也可以沿对齐方向的轴线移动，即轴承连接提供一个移动副和三个转动副。轴承连接预定义的约束是一个点与边线（或轴）的对齐。

创建轴承连接的步骤如下：

① 在操控板的约束集列表中选择"轴承"，此时系统显示"装配"操控板。

② 单击操控板中的"放置"按钮，在系统弹出的界面中可看到轴承连接的预定义的约束：对齐。

③ 为"对齐"选取参照。

7）刚　性

刚性连接是使连接元件与被连接元件之间没有任何相对运动,即刚性连接不提供自由度。刚性连接需要定义一个或多个约束。创建刚性连接的步骤如下:

① 在操控板的约束集列表中选择"刚性",此时系统显示"装配"操控板。

② 单击操控板中的"放置"按钮,在系统弹出的界面中可看到刚性连接的预定义的约束:对齐。

③ 选取"对齐"参照。分别选取图 9.23 中的两个要对齐的表面。

④ 选取"对齐"参照。分别选取图 9.23 中的另外两个要对齐的表面。

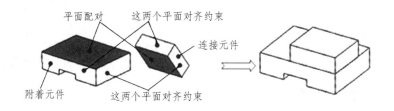

图 9.23　刚性

8）焊　缝

焊缝连接使两个元件黏接在一起,连接元件与被连接元件间没有任何相对运动,即焊缝连接不提供自由度。焊缝连接的约束只能是坐标系对齐。创建焊缝连接的步骤如下:

① 在操控板的约束集列表中选择"焊缝",此时系统显示"装配"操控板。

② 单击操控板中的"放置"按钮,在系统弹出的界面中可看到焊缝连接的预定义的约束:坐标系。

③ 选取"坐标系"参照。

9）一　般

一般连接的自由度由用户自己选择,自由度数目根据实际需要选择合适的约束而得到。

10）6D0F

该连接使连接件在任何方向上均可平移或旋转,即具有 3 个旋转自由度和 3 个平移自由度,没有任何约束状态。

11）槽

槽连接使两个连接件的一个点和一条曲线连接,保证一个连接件上的一点始终在另一个连接件的一条曲线上。创建过程参见直线上的点约束。

9.3.3　创建机构并进行运动仿真的步骤

1. 机构组成分析

分析组成机构的机架、主动件、从动件分别是哪些零件或构件,传动路线是怎样的,通过传动路线分析确定添加元件的先后顺序。

2. 进行运动分析

从机架开始沿着传动路线逐一分析两元件之间的相对位置关系和相对运动关系，确定采用的连接类型。

3. 装　配

根据传动路线和相对运动关系，从机架开始装配机构。

4. 机构模块

机构装配完成后，选择菜单栏"应用程序（P）"→机构（E）"命令，进入机构模块。

5. 向机构中增加伺服电动机

单击特征菜单栏上的"伺服电动机"按钮或选择菜单栏"插入"→"伺服电动机"按钮，可以准确定义某些连接处的旋转或平移。

6. 定义机构运动

单击特征工具栏上的"机构分析"按钮或选择菜单栏"分析"→"机构分析"按钮，定义机构的运动分析，指定时间范围并创建运动记录。

7. 动画演示

单击特征工具栏上的"回放"按钮或选择菜单栏"分析"→"回放"按钮，可重新演示机构的运动过程，并可保存重新演示的运动结果。

【例 9.1】螺纹机构装配。

（1）打开 Pro/E5.0 软件，单击新建按钮，创建一个装配文档。

（2）插入第一个零件螺母（机架），采用坐标系方式固定该零件，如图 9.24 所示。

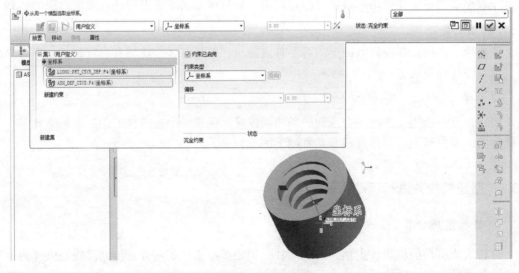

图 9.24　插入螺母

（3）插入第二个零件（螺杆）。

首先采用圆柱连接，如图9.25（a）所示，使螺杆与螺母同轴。

然后单击"新建集"按钮，采用槽连接，按住"Ctrl"键，依次选择螺杆上同段连续的螺旋线，再选择螺母上与所选螺旋线旋合的某一固定点，如图 9.25（b）所示，即可完成螺旋副连接。

（a）圆柱连接

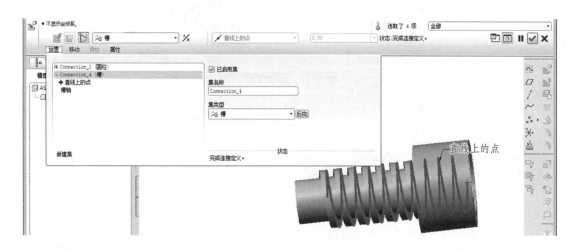

（b）槽连接

图 9.25　螺旋副连接

【例 9.2】凸轮机构装配。

（1）打开 Pro/E5.0 软件，单击新建按钮，创建一个装配文档。

（2）插入第一个零件，即机架，采用坐标系方式固定该零件，如图 9.26 所示。

图 9.26 凸轮机构机架

（3）插入第二个零件（凸轮），采用销钉与机架连接，如图 9.27 所示。

图 9.27 装配凸轮

（4）插入第三个零件（顶杆），采用滑动杆与机架连接，如图 9.28 所示。

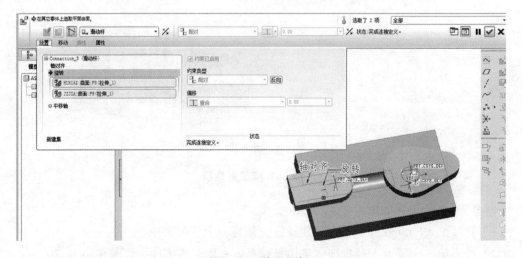

图 9.28 装配顶杆

（5）选择菜单栏"应用程序"→"机构"命令，进入机构模块。单击特征工具栏上的"凸轮"按钮，弹出如图9.29所示的对话框。在该对话框"凸轮1"选项卡中，勾选上"自动选取"，然后选择凸轮上构成凸轮副的曲面（即凸轮侧面）。以同样的方法在"凸轮 2"选项卡中选择构成凸轮副的另一个曲面（即顶杆的侧面）。构成凸轮副的两个曲面均定义完成后，单击"确定"按钮，即完成凸轮副的定义，如图9.30所示。

（a）凸轮1　　　　　　　　　　　　　　（b）凸轮2

图9.29　定义凸轮连接

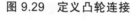
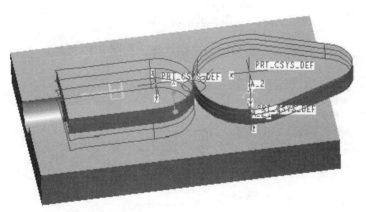

图9.30　凸轮连接完成图

【**例9.3**】曲柄滑块机构装配与运动仿真。

（1）曲柄滑块机构装配。

① 打开Pro/E5.0软件，单击新建按钮，创建一个装配文档。

② 调入第一个零件机架，采用坐标系方式固定该零件，如图9.31所示。

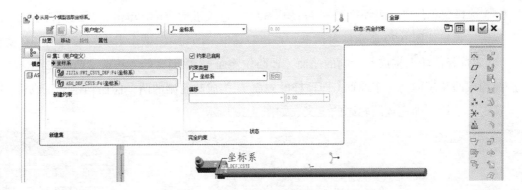

图9.31　插入机架

③ 装配第二个零件曲柄，采用销钉与机架连接，如图9.32所示。

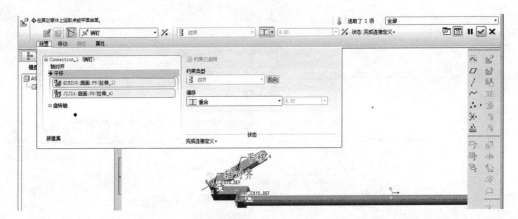

图9.32　装配曲柄

④ 插入第三个零件连杆，采用销钉与曲柄连接，如图9.33所示。

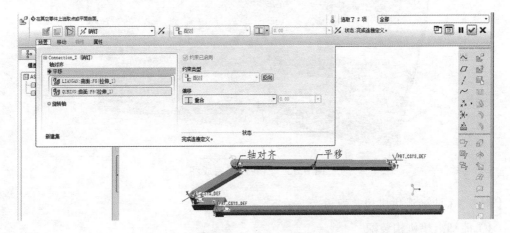

图9.33　连杆装配

⑤ 插入第四个零件滑块。

a. 先采用销钉与连杆连接，如图9.34所示。

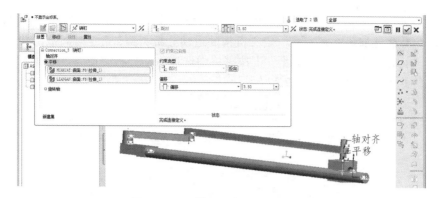

图 9.34　滑块采用销钉连接方式

b. 单击操控板上的"新建集"按钮，采用圆柱与机架连接，如图9.35所示。

图 9.35　装配滑块（圆柱）

⑥ 机构装配完成后，选择菜单栏"应用程序（P）"→"机构（E）"命令，进入机构模块。

⑦ 单击特征菜单栏上的伺服电动机按钮🔧或选择菜单栏"插入（I）"→"伺服电动机（F）"按钮，在曲柄与机架构成的销钉处增加伺服电动机。如图9.36（a）所示，在"类型"选项卡中定义运动轴的位置，并通过"反向"按钮定义回转方向。在图 9.36（b）所示的"轮廓"选项卡中通过"规范"菜单选择"位置/速度/加速度"，本机构选择"速度"，并在"模"下拉菜单定义其性质，同时在"A"中输入其大小，本机构定义为常数，并确定大小为20。

（a）类型　　　　　　　　　　　　　　　　（b）轮廓

图 9.36　定义伺服电机类型、轮廓

⑧ 单击特征工具栏上的机构分析按钮或选择菜单栏"分析（A）"→"机构分析（Y）"按钮，弹出的对话框如图 9.37 所示，定义机构的运动分析类型，指定时间范围并单击"运行"按钮创建运动记录。本机构在"类型"下拉菜单中选择运动分析类型为"运动学"，设置开始时间"0"，终止时间"72"，如图 9.37 所示。

图 9.37　分析定义

测量时间域的方式有 3 种：

a. 长度和帧频：输入运行的时间长度（结束时间 − 开始时间）和帧频（每秒帧数），系统计算总的帧数和运行长度。

b. 长度和帧数：输入运行的时间长度和总帧数，系统计算运行的帧数和长度。

c. 帧频和帧数：输入总帧数和帧频（或两帧的最小时间间隔），系统计算结束的时间。

⑨ 若要保存该运动记录，单击特征工具栏上的"回放"按钮，弹出"回放"对话框，如图 9.38 所示。单击该对话框上的"播放当前结果集"按钮，进入如图 9.39 所示的"动画"界面。单击该对话框上的"捕获"按钮，弹出图 9.40 所示的对话框，在该对话框上，可以通过"浏览"按钮定义视频保存的地址，通过"名称"定义该视频的名称，还可根据"类型"下拉菜单选择视频的格式，设置完成后点击"确定"按钮，就可将运动视频保存到指定位置。

图 9.38　"回放"对话框

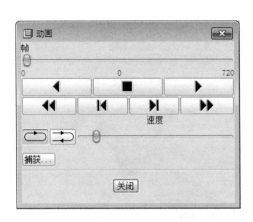

图 9.39 "动画"对话框

图 9.40 "捕获"对话框

9.4 爆炸视图

对已装配好的产品进行分解以形成爆炸视图。爆炸视图便于观察组件中各零件的数目和分布情况，将装配体中的各零件沿着直线或坐标轴移动或旋转，使各个零件从装配体中分解出来，对于表达各零件的相对位置十分有帮助，因而常常用于表达装配体的构成，如图 9.41 所示。

图 9.41 爆炸视图

9.4.1 创建装配模型的分解状态

1. 默认的爆炸状态

以千斤顶为例介绍爆炸的步骤。

（1）进入 Pro/E5.0 后，单击工具栏上的"打开"按钮或在菜单栏选择"文件"→"打开"命令，系统将弹出"文件打开"对话框，在打开的对话框的文件类型下拉列表中选择"组件（*.asm）"，选择资料库文件"zhuangpeiti.asm"文件。

（2）在菜单栏中选择"视图"→"分解"→"分解视图"命令，实现对原装配件的默认爆炸分解，效果如图 9.42 所示。

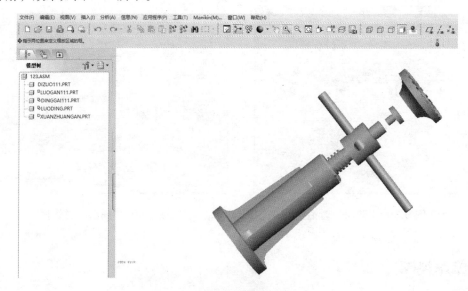

图 9.42　默认分解爆炸的效果

2. 爆炸分解视图设置

如果按照默认状态爆炸，发现装配件的各个零件装配结构没有更好地表达。为了准确表达整个装配结构，可以按照如下方法：

（1）打开千斤顶装配体文件。

（2）菜单栏选择"视图"→"视图管理器"，弹出如图 9.43 所示的对话框，点击对话框上方的"分解"，在弹出的对话框中再点击"新建"，输入分解的名称（也可以用默认名称Exp0001）后按"Enter"键弹出对话框，如图 9.44 所示。

图 9.43　"视图管理器"对话框

图 9.44　"新建"对话框

（3）点击图 9.44 中的"属性"，弹出如图 9.45 所示的对话框，点击该对话框中的编辑位置图标 ✎，弹出如图 9.46 所示的分解操控板。

图 9.45　视图管理器"属性"对话框

图 9.46　"分解位置"操控板

（4）在图 9.46 所示的"分解位置"操控板上单击平移图标 ⬚，激活"单击此处添加项目"，再选取千斤顶的底座的中心轴线作为运动参照，即各零件将沿该中心线平移。

（5）单击"分解位置"操控板中的"选项"按钮，弹出如图 9.47 所示的对话框，然后选中"随子项移动"前的复选框。

图 9.47　"随子项移动"对话框

（6）选取螺钉，此时系统会在螺钉上显示一个参照坐标系，拖动该坐标系的轴，移动鼠标，向上移动该元件。然后分解顶盖、旋转杆和螺杆。完成以上分解移动后，单击"分解位置"操控板上的"√"按钮。

（7）此时弹出如图 9.48 所示的对话框，点击该框下边的"切换至垂直视图按钮 《 …"，弹出对话框，点击"编辑"下拉菜单，选择"保存"，弹出如图 9.49 所示的对话框，单击"确定"按钮，并单击"视图管理器"对话框中的"关闭"按钮，即可完成装配体的分解，如图 9.50 所示。

图 9.48　分解位置　　　　　　　　　　图 9.49　保存

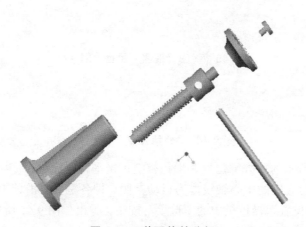

图 9.50　装配体的分解

3. 取消分解视图的分解状态

选择菜单栏"视图"→"分解"→"取消分解视图"命令，即可以取消分解视图的分解状态，回到正常状态。

9.4.2　创建分解状态的偏距线

使用"偏距线"工具可以创建一条或者多条分解偏距线，用来表示分解图中的各个元件之间的相对关系，根据设计的需要，可以按照下列方法创建偏距线：

在创建装配体分解状态的基础上，说明创建偏距线的方法。

在完成了装配体的分解后，各零件如图 9.50 所示。在此基础上进行分解状态偏距线的设定。

（1）点击图 9.46 操控板中的"分解线"按钮，再单击创建修饰偏移线 ✗ 按钮，此时系统会弹出如图 9.51 所示的"分解线造型"对话框。在此对话框中，可以设置分解线的线型、颜色等特性。设置完成后，依次点击"应用"→"关闭"按钮。

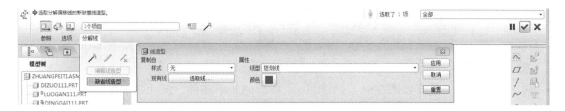

图 9.51 "分解线造型"对话框

（2）此时系统弹出如图 9.52 所示的对话框。在智能选取栏中选择"轴"，分别选取如图 9.53 所示的两条轴线，单击"应用"按钮。完成同样的 3 次操作后，单击"关闭"按钮。此时添加分解偏距线的操作已完成，后续保存分解状态的操作如前分解所述。

图 9.52 "修饰偏移线"对话框

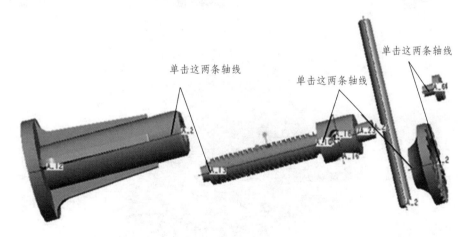

图 9.53 轴线的选取

习　题

9-1 在 Pro/E 中做出如图 9.54（a）~（e）所示的 5 个零件，尺寸自己设计，并按图 9.54（f）装配。

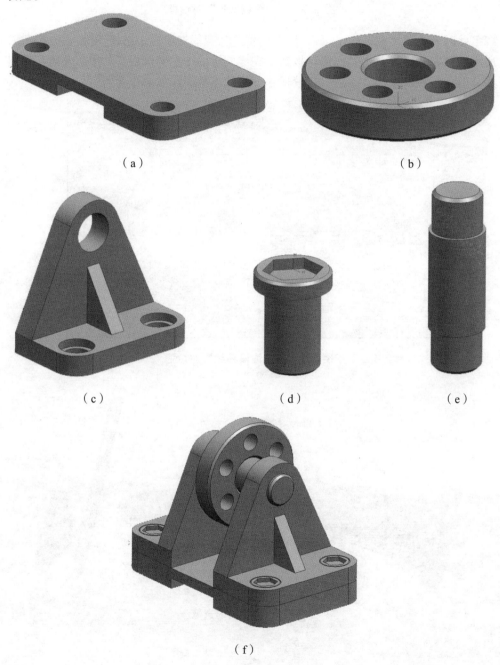

（a）　　　　　　　　　　　　　　　（b）

（c）　　　　　　　（d）　　　　　　　（e）

（f）

图 9.54　题 9-1 图

9-2 完成图 9.55 所示的零件 1～4 的建模，按图 9.55（e）装配，并生成爆炸图。

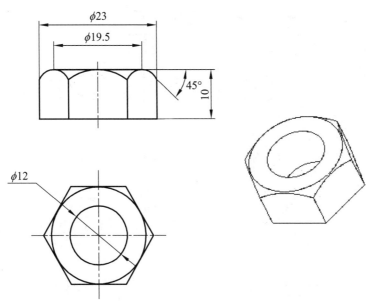

（a）零件 1

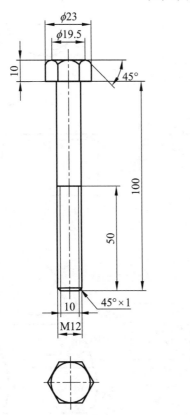

（b）零件 2

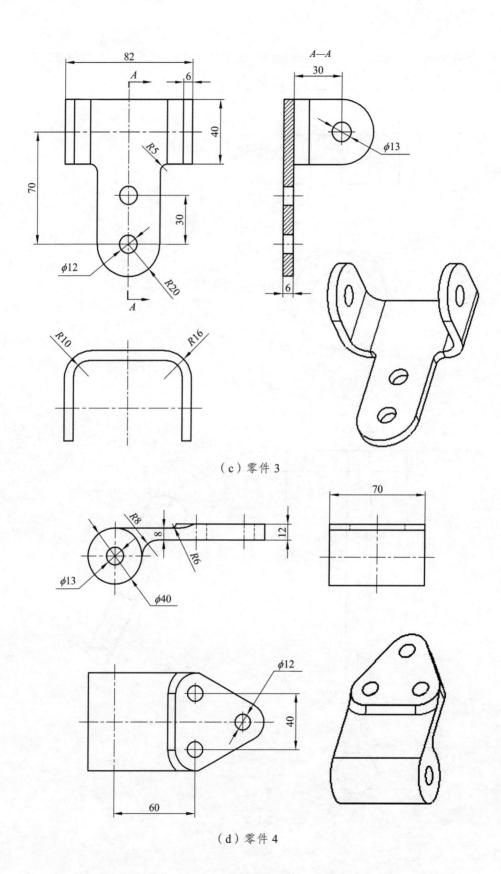

（c）零件 3

（d）零件 4

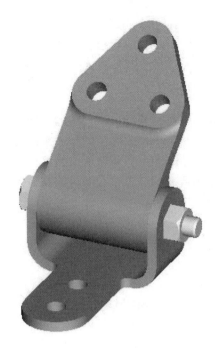

（e）

图 9.55　题 9-2 图

10   Pro/E5.0 工程图

在 Pro/E 中，工程图是在一个单独的模块中进行的。用户能够通过该模块根据零件的实体绘制出工程图。工程图中所有的视图都是相关的，如果改变一个视图的尺寸值，则系统将会相应地更新其他工程视图。在 Pro/E 中，所谓的绘制工程图实际上是通过已有的三维模型绘制出二维模型的过程。本章主要介绍二维工程图块的建立方法。

学习目标：熟悉工程图建立的步骤，掌握工程图的创建方法。

10.1   建立工程图模板文件

10.1.1   建立工程图的步骤

创建工程图的一般步骤包括以下几步：

（1）创建或者打开零件的三维设计模型。

（2）进入绘图窗口或工程图窗口，建立工程图文件，选择绘图模板。

（3）插入绘图视图，如主视图、投影视图、轴测图和辅助视图等视图。

（4）创建适当的剖视图、向视图和局部放大图等。

（5）标注尺寸、几何公差、表面粗糙度和技术要求等。

10.1.2   进入工程图块的方法

（1）菜单栏：文件（F）→新建（N）。

（2）工具栏：点击工具栏上的按钮 □。

（3）快捷键：CTRL + N。

在系统弹出的对话框中选择绘图，如图 10.1 所示。将"使用缺省模板"复选框前的"√"取消选中，单击"确定"按钮，弹出如图 10.2 所示的"新建绘图"对话框。

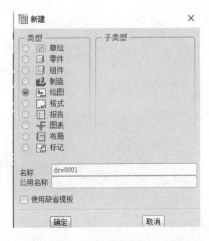

图 10.1 "新建模块"对话框

图 10.2 "新建绘图"对话框

单击"缺省模型"选项区域右侧的"浏览"按钮，选择所需生成工程图的零件或装配体的三维模型文件。系统一般会自动选择当前新建绘图前打开的模型。

10.1.3 工程图块对话框的选项说明

1. 指定模板

1）使用模板

使用某个工程图模板创建工程图，选中该选项后，"新建绘图"对话框变为如图 10.2 所示，从模型下面的模型选项组中选择一种模板或单击"浏览"按钮，然后选择计算机中其他所需模板，并将其打开。

2）格式为空

只使用某个图框，不使用模板，在实际应用中经常采用该选项。选中后"新建绘图"对话框变为如图 10.3 所示。单击"浏览"按钮，系统弹出"打开"对话框。此时选择某个系统格式文件或计算机中之前已经创建的格式文件，并将其打开。

3）空

既不使用图框，也不使用模板。选中后"新建绘图"对话框变为如图 10.4 所示，如果图纸的图幅是标准尺寸，如 A4，在"方向"选项组中选择纸张放置的方向，在"大小"选项组中选择纸张的大小，在"大小"选项组中选择毫米。

单击确定按钮进入绘制工程图界面，如图 10.5 所示。

图 10.3 "格式为空"的对话框

图 10.4 "空"选项对话框

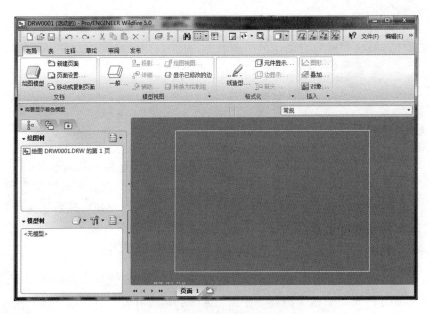

图 10.5　绘制工程图界面

2. 绘图截面模板工具栏

新界面提供了易于理解和访问的命令分组，所有命令都分布在不同的命令选项卡上，有"布局""表""注释""草绘""审阅"和"发布"等。命令分组也可以自定义。

1）布　局

布局选项卡如图 10.6 所示，用来处理工程图图面布置。在该选项卡中可以指定视图的类型有：一般视图、投影视图、详细视图、辅助视图、绘制视图等。

图 10.6　"布局"选项卡

2）表

表选项卡如图 10.7 所示，用于插入表格、设置表格、修改表格和保存表格等。

图 10.7　"表"选项卡

3）注　释

注释选项卡如图 10.8，用于尺寸标注和公差标注。

图 10.8 "注释"选项卡

4)草 绘

草绘选项卡如图 10.9，用于绘制二维工程图，并设置图素的绘制方式。

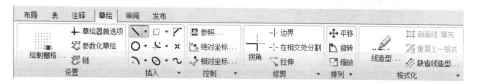

图 10.9 "草绘"选项卡

5)审 阅

审阅选项卡如图 10.10，用于绘制二维工程图时的辅助绘图工具。

图 10.10 "审阅"选项卡

6)发 布

发布选项卡如图 10.11，用于工程图打印设置。

图 10.11 "发布"选项卡

10.2 视图生成

确定工程图标准后，就可以进行视图的创建。需要首先创建一个基础视图，在基础视图的基础上再创建投影视图。基础视图创建完成后，它与模型是相关联的，如果模型改变，工程图也跟着改变。

10.2.1 基本视图生成

1. 创建主视图

在创建之前，先单击主工具栏上的"平面显示"按钮、"轴显示"按钮、"点显示"

按钮 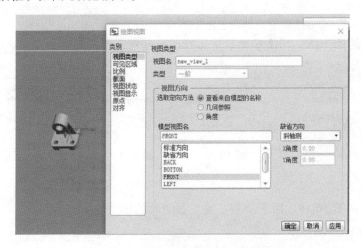 和 "坐标系显示"按钮 ，关闭平面显示、轴显示、点显示和坐标系显示按钮。

在绘图区单击鼠标右键，在弹出的快捷菜单中选择"插入普通视图"命令，或者单击工具栏上布局选项上的创建一般视图图标 ，系统在信息区提示"选取绘制视图的中心点"，此时在绘图区适当位置单击左键，确定一个中心点，画面上立即显示零件的立体图，同时弹出"绘图视图"对话框，如图 10.12 所示。

图 10.12 "绘图视图"对话框

绘图视图对话框中包括视图类型、可见区域、比例、截面、视图状态、视图显示、原点和对齐 8 个选项，对于各种视图的操作大部分都是通过对这些选项的设置实现的。其中决定创建视图的选项有视图类型、可见区域、比例和截面，其他 4 项属于编辑视图的选项。打开类别中的比例选项卡，定制比例输入 1，如图 10.13 所示。在"定制比例"后的文本框中如果输入 3，即图形放大 3 倍。视图对话框的 8 个选项分别对应相应的选项卡，设置后点击"应用"和"确定"按钮，完成一般视图的创建。

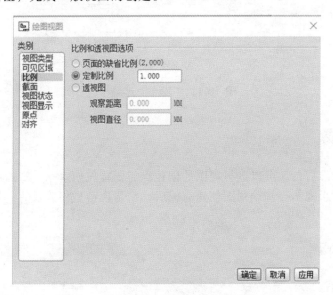

图 10.13 绘图视图对话框的"比例"选项

在完成主视图后，可建立以主视图为参照的俯视图和左视图，此时各个视图之间建立起相应的投影关系。

2. 左视图

（1）点击选中主视图，单击"布局"菜单下的"投影"按钮，显示一个黄色方框，或者按住右键，在快捷菜单中选取"插入投影视图"命令。

（2）决定视图的摆放位置。因为画面上只有一个视图，系统会自动将该视图选取为投影视图的父视图，并在鼠标指针的四周划上一个预览方框，移动鼠标，方框也会跟着移动。在主视图的右侧单击左键选取一点，即创建出左视图。

3. 俯视图

与创建左视图的方法相同。

（1）点击选中主视图，单击"布局"菜单下的"投影"按钮，显示一个黄色方框，或者按住右键，在快捷菜单中选取"插入投影视图"命令。

（2）当信息显示区显示"选取绘制视图中心点"时，在绘图区主视图的下方单击左键选取一点，俯视图就出现在绘图区。

10.2.2　视图移动与锁定

如果视图与视图之间的位置不合适，可根据需要调整视图。视图的调整包括移动、删除、修改等操作。

1. 视图的移动

默认状态下，生成的视图将被锁定在某一位置上，视图就不能移动，只能取消锁定后再移动。具体的方法是：单击菜单栏中的"视图（V）"→"锁定视图移动"命令，然后去掉前面的"√"，再选中需要移动的视图，按住鼠标左键拖动视图，将视图移动到合适的位置。或者在要想移动的视图上慢慢单击鼠标右键，在弹出的快捷菜单中取消"锁定视图移动"前面的"√"。

注意：如果移动的视图有子视图，移动父视图时，子视图也会跟着移动，移动子视图时，父视图不会移动。

2. 视图的锁定

视图移动到合适位置后，可启动锁定视图移动命令，禁止视图移动，其操作步骤和取消视图锁定一样。

10.2.3　视图删除

1. 视图删除的方法

删除某一选定视图可以通过以下几种方式来实现。

（1）菜单栏："编辑（E）"→"删除（D）"。

（2）工具栏：单击绘制工具栏中的"删除"按钮。

（3）直接选中视图，按下键盘上的"Delete"键。

2. 视图删除的步骤

（1）选中需要删除的视图，选中后视图边框变成红色。

（2）采用删除视图中的任意一种方法即可。

注意：如果要删除的视图含有子视图，删除时会提示如图 10.14 所示的"确认"对话框，此时若选择"是"，则将其子视图也一并删除。

图 10.14 "确认"对话框

10.2.4 高级视图生成

1. 剖视图

剖视图通过假想的剖切面剖开物体，用于表达零件复杂的内部结构。生成剖视图时，一般在"绘图视图"对话框的"剖面"的选项卡中设置剖切面。根据剖切区域，可得到全剖视图、半剖视图和局部视图。

1）全剖视图

创建全剖视图的步骤如下：

① 打开主工具栏上的"平面显示"按钮，打开平面显示。

② 双击主视图，弹出"绘图视图"对话框，在"类别"选项中点击"截面"，在剖面选项中单击"2D 剖面"，如图 10.15 所示。

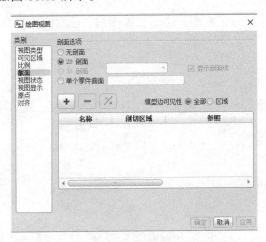

图 10.15 绘图视图对话框的"截面"选项

③ 单击"新增截面"按钮"＋"，弹出"剖截面创建"对话框，如图 10.16 所示，单击"平面"→"单一"→"完成"按钮，弹出输入剖面名的对话框，如图 10.17 所示，在对话框中输入横截面名称，单击 按钮，系统会弹出选取对话框，如图 10.18 所示，然后在绘图区选择需剖切的基准平面，单击"确认"按钮，完成截面的创建，弹出如图 10.19 所示的"截面"对话框。

④ 单击图 10.19 对话框中的"剖切区域"选项下的"倒三角"符号，根据需要选择"完全"选项框中的"完全"，然后单击"确定"完成全剖视图的创建。

图 10.16　剖截面创建管理器

图 10.17　剖面名的对话框

图 10.18　设置剖面的对话框

图 10.19　"截面"对话框

⑤ 添加箭头。

单击选中刚才建立的剖面视图，然后在该视图上单击鼠标右键，在弹出的快捷菜单中选择"添加箭头"命令，信息显示区出现"给箭头选出一个截面在其处垂直的视图，中键取下"提示，此处单击该视图即可。

2）半剖视图

半剖视图的创建步骤和全剖视图类似，只是在弹出的对话框"剖切区域"下拉列表中选择"一半"选项即可。

2. 局部视图

局部视图适用于表示模型较复杂的某部分区域，可以使用样条曲线将该区域圈选出来，并设置比例将图形放大显示。

方法如下：局部视图可以利用"视图可见性"中的"局部视图"选项获得。一般遵循"选择几何上的参照点"→"草绘样条作为边界"→"得到局部图形"过程来完成。

创建局部视图方法有两种：

第一种方法如下：

（1）单击"布局"→"详细"。

（2）单击视图中需要放大的部分，单击的点作为中心点，确定后以红色的"X"显示，此时消息栏提示"草绘样条，不相交其他样条，来定义一轮廓线"。如单击左键围绕中心点草绘待放大的范围，单击中键结束草绘，系统提示"选取绘制视图的中心点"，单击绘图区域某个点生成局部放大视图。

第二种方法是：双击需要放大的视图，弹出如图 10.12 所示的"绘图视图"对话框设置视图显示。单击"绘图视图"对话框中的"可见区域"选项，再点击"视图可见性"后面的"倒三角"符号，显示出"全视图、半视图、局部视图和破断视图"选项框，然后单击"局部视图"，"绘图视图"对话框变为如图 10.20 所示。接下来的操作和第一种方法的第（2）步相同。

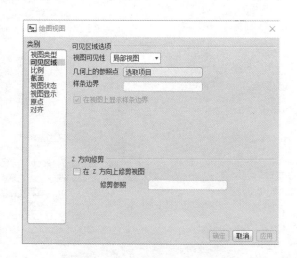

图 10.20 "绘图视图"对话框

10.2.5 视图显示模式

在工程图中，可以设置视图显示，所设置的视图显示不受工具栏中的显示方式的影响。工程图视图显示操作步骤如下：

（1）双击需要设置视图显示的视图，弹

出如图 10.21 所示的"视图显示"选项卡。

（2）单击"显示样式"后的倒三角符号，弹出如图 10.22 所示的显示样式选项，通常在工程图中显示样式选择"线框、隐藏线、消隐"，其表示含义分别如下：

线框：可见的和不可见的轮廓线都用实线显示。

隐藏线：可见的轮廓线用实线显示，不可见的轮廓线用虚线显示。

消隐：只显示可见的轮廓线，不可见的轮廓线不显示。

（3）单击图 10.21 中的"相切边显示样式"后的倒三角符号，系统弹出如图 10.23 所示的选项，选择需要的显示样式。然后点击"确定"完成视图的显示设置。

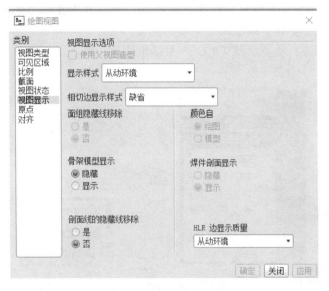

图 10.21 "视图显示"选项卡

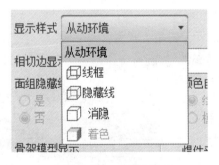

图 10.22 显示样式

图 10.23 相切边显示样式

10.3 工程图尺寸标注

在 Pro/E 中，工程图的尺寸可以分为两种情况：一种是特征创建时系统所给出的尺寸或者注释，另一种是用户自己建立的尺寸或者注释。由于 Pro/E 系统显示的特征尺寸与绘图之间有着很强的关联性，因此在零件模式下修改尺寸，绘图的尺寸也会随之发生变化。

10.3.1 手动创建尺寸标注

1. "尺寸-新参照"标注

为零件图创建工程图"新参照"尺寸，主要遵循以下步骤：

（1）按照工程图视图生成步骤（参照 10.2 节）创建工程图。

（2）选择下拉菜单"注释"命令，弹出"注释"选项。

（3）选择"注释"工具命令的"尺寸-新参照"命令，系统会弹出如图 10.24 和图 10.25 所示的"菜单管理器"和"选取"对话框。

（4）在图 10.24 所示的对话框中选择"图元上"，然后单击工程图中要标注的两点作为选取的边界线，单击鼠标中键，确定尺寸文本的位置。

（5）如果继续标注，重复步骤（4），如果结束标注，单击鼠标中键。

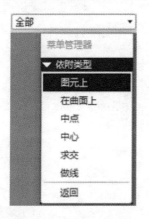

图 10.24　菜单管理器　　　图 10.25　选取对话框

2. "尺寸-公共参照"标注

（1）按照工程图视图生成步骤（参照 10.2 节）创建工程图。

（2）点击"注释"工具命令中的"尺寸-新参照"命令后的倒三角符号，然后选择尺寸公共参照图标命令，系统弹出如图 10.24 和图 10.25 所示的对话框。

（3）在图 10.24 所示的对话框中选择"图元上"，然后单击工程图（见图 10.26）中要标注的 1、2 两点作为选取的边界线，在 3 点单击鼠标的中键，确定尺寸文本的位置。

（4）继续在图 10.24 所示的"菜单管理器"中选择中心，单击图 10.26 中的 4 点，再在 5 点处单击鼠标中键，确定尺寸文本的位置。

（5）如果继续标注，重复步骤（3）和步骤（4），如果结束标注，单击鼠标中键。

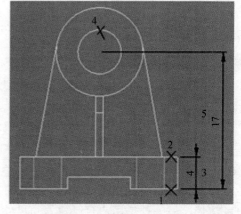

图 10.26　创建尺寸标注

10.3.2 自动创建尺寸标注

Pro/E 的工程图块有尺寸自动开关显示功能，该功能用来显示一些工程图符号，如尺寸、几何公差和表面粗糙度等。该功能位于"显示模型注释"图标下。

（1）点击"显示模型注释"图标，弹出如图 10.27（a）所示的对话框。

（2）在绘图区点击工程图，则图 10.27（a）变为图 10.27（b）。

（3）点击该对话框下方的，再点击"确定"按钮，尺寸标注完成。

（a）选择图之前　　　　　　　　　　　　（b）选择图之后

图 10.27　"显示模型注释"对话框

10.3.3 编辑尺寸标注

1. 移动尺寸

（1）选择需要移动的尺寸，选中后尺寸会变成红色。

（2）将鼠标指针移动到选中的尺寸文本上，按住鼠标左键，拖动鼠标到所需移动尺寸的位置。

2. 删除尺寸

（1）选择需要删除的尺寸，选中后尺寸会变成红色。

（2）按下键盘上的"Delete"键，即可删除选中的尺寸。

10.3.4 创建尺寸公差

1. 显示尺寸公差

在工程图中，如果要显示和处理尺寸公差，必须对配置文件 drawing.dtl 中的选项 tol-display 和 config.pro 中的选项 tol-model 进行配置，配置文件打开步骤为：单击菜单栏中的"文件（F）→绘图选项（P）"，打开配置文件，如图 10.28 所示。

图 10.28　配置文件选项

（1）tol-display 选项。

该选项主要控制尺寸公差的显示，如果设置为"yes"，则显示尺寸公差；如果设置为"no"，则不显示尺寸公差。

（2）tol-model 选项。

该选项主要控制尺寸公差显示形式，如果设置为"nominal"，则只显示尺寸名义值，不显示尺寸公差；如果设置为"limits"，则以上极限和下极限尺寸形式显示尺寸公差；如果设置为"plusminus"，则以正负值显示尺寸公差值，且正负值是相互独立的；如果设置为"plusminussym"，则以对称公差形式显示尺寸公差。

2. 标注尺寸公差

（1）选中要显示公差的尺寸，并双击左键，系统会弹出如图 10.29 所示的"尺寸属性"对话框。

（2）点击"尺寸属性"对话框中的公差区域中公差模式后的倒三角符号，弹出如图 10.30 所示的列表，在公差模式下选择所需要的公差形式，然后单击"确定"，完成尺寸公差的标注。

图 10.29　"尺寸属性"对话框

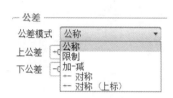

图 10.30　公差模式

10.3.5　标注几何公差

（1）单击"注释"工具命令的几何公差 按钮，系统会弹出如图 10.31 所示的"几何公差"对话框。

图 10.31　"几何公差"对话框

（2）在左侧的公差符号区域选择所要标注的几何公差符号。

（3）定义公差参照：单击图 10.31 中的参照选项卡中的"类型"后的倒三角符号，在弹出的参照类型的选项中选择需要的对象。

注意：公差项目不同，选取参照的类型不同。

（4）定义公差的放置：单击图 10.31 中放置类型后的倒三角符号，弹出如图 10.32 所示的放置类型对话框，选择需要放置的类型。如选取"法向引线"，系统弹出所示的"菜单管理器"和"选取"对话框，如图 10.33 所示。

图 10.32　放置类型

图 10.33　"菜单管理器"和"选取"对话框

（5）从弹出的 "菜单管理器"选项中选取"箭头"命令，然后在需要放置几何公差的位置处单击鼠标中键放置。

（6）点击图 10.31 中的"公差值"选项，"几何公差"对话框变为如图 10.34 所示，在"总公差"后的文本框中输入几何公差值，如 0.002。

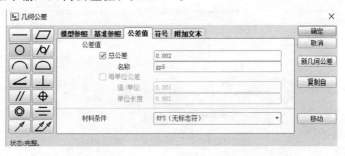

图 10.34　几何公差"公差值"选项卡

（7）单击确定完成几何公差的建立。

10.3.6　标注表面粗糙度符号

（1）单击"注释"工具命令的表面光洁度符号 $\sqrt{}$/按钮，系统会弹出"得到符号"菜单管理器，如图 10.35 所示。

图 10.35 "得到符号"菜单管理器

（2）单击"检索"按钮，弹出"打开"对话框。如图 10.36 所示，打开"mnchined"，文件夹，双击文件"standardl.sym"，弹出"实例依附"菜单管理器，如图 10.37 所示。

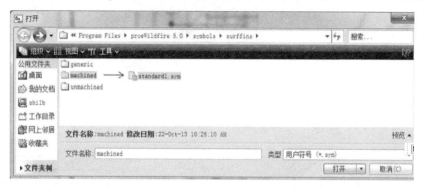

图 10.36 表面粗糙度菜单管理器

图 10.37 实例依附菜单管理器

（3）单击"图元"按钮，移动鼠标至要标注的表面，点击鼠标左键放置，弹出输入表面粗糙度值的对话框，如图 10.38 所示，输入所要标注的值，单击"√"按钮，完成标注。标注完成后单击"完成/返回"按钮，退出表面粗糙度的标注。

图 10.38 "表面粗糙度值"对话框

习 题

10-1 创建如图 10.39 所示的实体,并在工程图模块中按图示主视图的投影方向建立工程图。

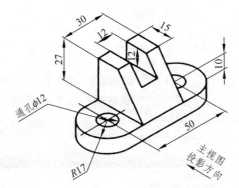

图 10.39 题 10-1 图

10-2 创建如图 10.40 所示的工程图。

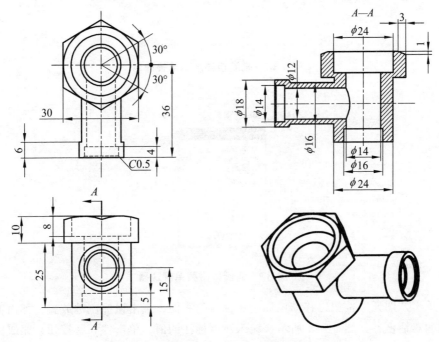

图 10.40 题 10-2 图

11 综合训练

本章主要是对前面两种软件以及前 10 章内容的综合运用，包括绘制零件图、装配图以及三维图形的方法和步骤。

学习目标：掌握绘制零件图、装配图以及三维实体图形的方法和步骤。

11.1 绘制零件图

零件图是指导制造和检验零件的图样，是生产技术的重要文件，在零件图中应该包括四项基本元素：第一，能够正确、完整、清晰地表达出零件的结构形状的一组图形；第二，正确、完整、清晰合理地标注出零件大小和位置的尺寸；第三，要有技术要求，即表达零件在使用、制造和检验时应达到的技术要求；第四，标题栏，用于填写零件的名称、材料、图样的编号、制图人的姓名和日期、绘图比例等，放在图纸的右下角。

AutoCAD 绘制零件图的方法和步骤如下：

1. 绘图前准备

根据图形的尺寸，设置图幅、图层。为了使图形层次更清晰，还需要设置中心线层、标注层或者尺寸线层，设置文字样式、标注样式，或者调用样板图。

2. 绘制图形

绘制图形轮廓线前，应先绘制定位基准线，确定图形位置。一般常用对称中心线、轴线或者较大的平面作为基准线，再选择合适的绘图和修改命令完成三视图及其他补充视图的绘制。

3. 标注尺寸

在进行标注零件图的尺寸前，应首先进行各种尺寸样式的设置，选择合理的标注形式，结合具体情况合理地标注尺寸。

4. 标注几何公差和表面粗糙度

在图形绘制完成后，根据图形各结构之间的相互关系，标注几何形状和位置公差、零件各表面的表面粗糙度等。

5. 标准文本、技术要求，填写标题栏

本章主要以轴类、盘类和箱体类零件为例说明零件图的绘制过程。

11.1.1 轴类零件图

1. 用 途

轴一般是用来支承传动零件、传递运动和动力的。

2. 表达方案

轴类零件按形状特征和加工位置确定主视图。轴类零件的主要结构形状是回转体，一般只需一个主视图。其次轴类零件的其他结构，如键槽、螺纹退刀槽等可以用剖视图、断面图、局部视图和局部放大视图等加以补充。

3. 尺寸标注

宽度方向和高度方向的主要基准是回转轴线，长度方向的主要基准是端面或台阶面。由于轴类零件的主要形体是由同轴回转体组成，因此忽略了宽度和高度的定位尺寸。零件上的标准结构应按标准规定标注。

【例 11.1】绘制如图 11.1 所示的零件图。

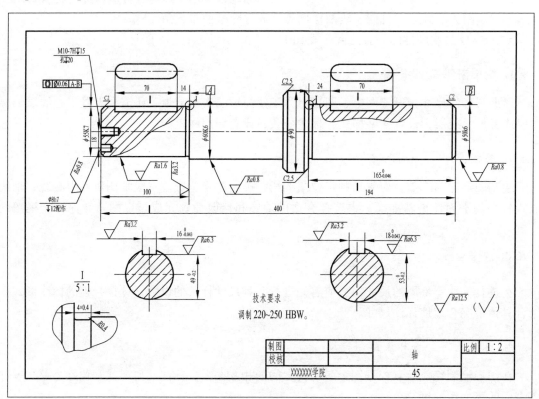

图 11.1 从动轴零件图

轴类零件图的绘制一般由以下几部分组成：

（1）绘制前准备。

根据零件图的尺寸和准备采用的图形输出比例，设置绘图界限和确定绘图比例，并根据作图线型的需要建立图层。

（2）绘制轮廓图形步骤。

① 基准线的绘制：绘制轴的水平中心线和轴的两端面。

② 绘制轴的中心线某一侧的轮廓线。

③ 利用"镜像"命令将已绘制的轮廓线关于中心线进行镜像操作。

④ 绘制轴上的细小结构如轴上的键槽、倒角圆角以及螺纹孔等。

⑤ 绘制轴的断面图、局部放大图。

⑥ 绘制剖切符号、修整图线，去除掉图形中多余的线条。

（3）标注尺寸。

轴类尺寸的标注简单，主要是非圆视图上标注直径尺寸和倒角的指引线的标注。

（4）标注技术要求，并填写标题栏。

11.1.2 盘类零件图

1. 用　途

盘盖主要起传动、连接、支承、密封等作用，如手轮、法兰盘、各种端盖等。

2. 表达方案

主体一般为回转体或其他平板型，厚度方向的尺寸比其他两个方向的尺寸小，其上常有凸台、凹坑、螺孔、销孔、轮辐等局部结构。

机械加工以车削为主，主视图一般按加工位置水平放置，但有些较复杂的盘盖，因加工工序较多，主视图也可按加工位置画出，一般需要两个以上基本视图。根据结构特点，视图具有对称面时，可作半剖视；无对称面时，可做全剖或局部剖视。其他结构形状，如轮辐和肋板等可用移出断面或重合断面，也可用简化画法。

3. 尺寸标注

此类零件的尺寸一般为两大类：轴向及径向尺寸。径向尺寸的主要基准是回转轴线，轴向尺寸的主要基准是重要的端面，且内外结构形状尺寸应分开标注。

对于有配合要求或用于轴向定位的表面，其表面粗糙度和尺寸精度要求较高，端面与轴心线之间常有形位公差要求。

【例 11.2】绘制如图 11.2 所示的齿轮零件图。

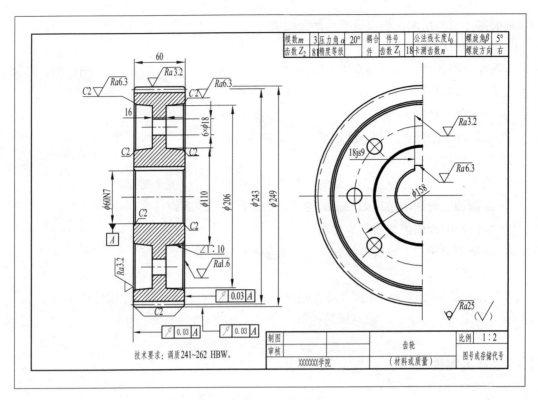

The gear part drawing contains a parameter table:

模数 m	3	压力角 α	20°	耦合件	件号		公法线长度 l_0		螺旋角 β	5°
齿数 Z_2	8	精度等级			齿数 Z_1	18	卡测齿数 n		螺旋方向	右

技术要求：调质 241~262 HBW。

制图				齿轮		比例	1:2
审核						图号或存储代号	
	XXXXXXX学院			（材料或质量）			

图 11.2　齿轮零件图

齿轮的绘制过程主要用到"直线""圆""倒角""阵列""镜像""偏移"，再结合"对象捕捉"等命令的综合运用，同时用到了尺寸公差的标注。

绘制齿轮方法如下：

（1）绘制与填写图纸右上角的零件参数表格。

表格可以用"绘图"→"表格"命令，通过如图 11.3 所示的"插入表格"对话框来画表格。或者用直线和偏移方式来画表格。

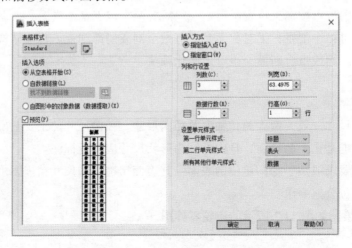

图 11.3　"插入表格"对话框

（2）在中心线层画齿轮的主视图、左视图的中心线，分度圆等。分度圆在中心线层用点画线表示，确定齿轮画图的基准。

（3）按照投影关系绘制主视图。

（4）绘制轮辐结构，并按照投影关系绘制其左视图。

（5）检查图形是否完整，有无多余的线段。

11.1.3 箱体类零件图

1. 用 途

箱体类零件一般是机器或部件的主体部分，可起支承、容纳、定位和密封等作用。机床床身、泵体、变速箱的箱壳等归纳为箱体类零件。零件多是小空壳体，并有轴承孔、凸台、凹槽、肋板、底板、连接法兰以及箱盖、轴承端盖的连接螺孔等，一般经多种工序加工而成，其结构复杂，如图 11.4 所示为减速器箱体。

2. 表达方案

箱体零件结构形状一般较为复杂，通常采用 3 个或以上的视图进行表达。一般以形状特征和工作位置来确定主视图。针对外部和内部结构形状的复杂情况，可采用全剖视、半剖视与局部剖视。对局部的内、外部结构形状可采用斜视图、局部视图和断面图来表示。

3. 尺寸标注

长度方向、宽度方向、高度方向的主要基准通常采用孔的中心线、对称平面和较大的加工面。其定位尺寸较多，各孔的中心线（或轴线）间的距离一定要直接标注出来。

【例 11.3】绘制如图 11.4 所示的减速器箱体。

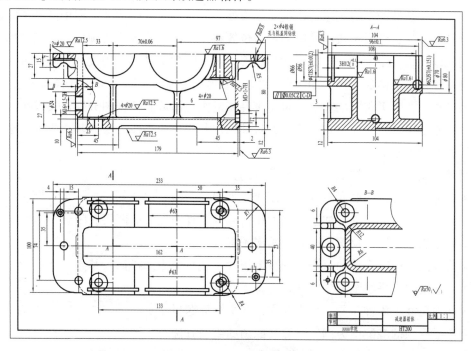

图 11.4 减速器箱体

绘制方法如下：

（1）绘制前准备。

根据箱体图的尺寸和准备采用的图形输出比例，设置绘图界限和确定绘图比例，并根据作图线型的需要建立图层。

（2）绘制轮廓图形步骤。

① 打开正交、对象捕捉、极轴追踪功能，并设置 0 层为当前层，用直线、偏移命令绘制基准线。

② 绘制主视图、左视图、俯视图的外轮廓部分。

③ 绘制箱体上的各类孔。

④ 绘制波浪线、剖切符号，修整图线，去除掉图形中多余的线条。

⑤ 绘制剖面线。

⑥ 尺寸标注。

11.2　绘制装配图

装配图比较复杂，运用 AutoCAD 绘制二维装配图一般可分为直接绘制法、图块插入法、插入图形文件法以及用设计中心插入图块等方法。

直接绘制二维装配图的方法主要是运用二维绘图、编辑、设置和层控制等功能，按照装配图的画图步骤绘制出装配图。通过该方法绘制出的二维装配图，各零件的尺寸精确且在不同的层，为后续从装配图拆画零件图提供了方便。图块插入法是将装配图中的各个零部件的图形先制作成图块，然后再按零件间的相对位置将图块逐个插入，拼画成装配图。用设计中心插入图块时，设计中心是一个集成化的图形组织和管理工具。利用设计中心，可方便、快速地浏览或使用其他图形文件中的图形、图块、图层和线型等信息，大大地提高了绘图效率。在绘制零件图时，为了装配的方便，可将零件图的主视图或其他视图分别定义成块。

注意：在定义块时，应不包括零件的尺寸标注和定位中心线，块的基点应选择在与其有装配定位关系的点上。

绘制装配图一般都是按照以下步骤进行的：

（1）首先将装配图中的所有零件绘制成零件图。

（2）将零件图中的尺寸标注层、表面粗糙度等与视图无关的图层关闭。

（3）确定表达方案、比例、图幅，画出图框。

（4）将装配图中所需要的每个视图存为图块（注意恰当选择插入基点）。

（5）按装配顺序拼绘装配图。

（6）标注尺寸、零件序号、技术要求，并填写标题栏。

下面以千斤顶的装配图为例，学习装配图的绘制方法与步骤。

【例 11.4】手动式螺旋千斤顶的装配图见 11.5，它由底座 1、起重螺杆 2、旋转杆 3、螺钉 4、顶盖 5 等零件组成，请完成该装配图的绘制。

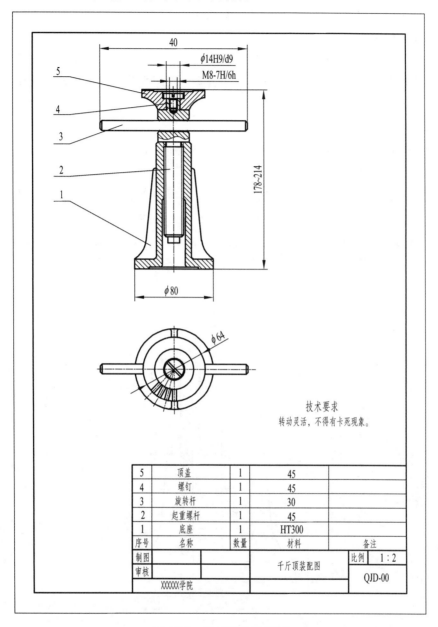

图 11.5　千斤顶的装配图

以图块的方式拼画装配图来简单介绍千斤顶装配图的一般步骤：

（1）创建各零件图块。

打开零件图，关闭标注层以及其他不需要的图层，应用"WBLOCK"命令，把将在装配图中用到的视图保存为图块。运用此方法将装配图中要用到的所有零件的相关视图都保存成图块以备用。

（2）创建装配图文件并进行绘图设置。

创建装配图文件，并进行必要的绘图设置，包括绘图单位、精度、图纸界限和图层等，也可以调用已经设置好的样板文件来创建装配图文件。

（3）创建零件图块文件。

将各零件图块插入装配图文件中，在"插入"对话框中勾选"分解"复选项，运用"修剪"和"移动"等指令修剪和拼画装配图。或者采用图形文件之间的复制形式将零件图复制到装配图的指定位置。

具体的操作步骤如下：

① 打开 AutoCAD 的 A4 样本文件对话框，另存为千斤顶.dwg 文件，修改标题栏中的零件名称等相关参数。

② 设置当前图层为"中心线"，利用直线命令绘制中心定位线，两个视图的中心线要一起表达，便于保证视图的对应关系，并在绘制中心的定位线时要考虑图形的整体布局。

③ 按照尺寸绘制底座的剖面图，结果如图 11.6 所示。绘制装配图时，主要运用"直线""圆角""镜像""图案填充"等命令。填充时要注意图案比例的设置，定义图块时要关闭尺寸线层和不需要的图层。

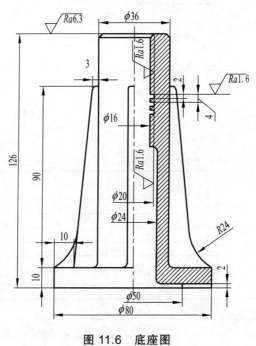

图 11.6　底座图

创建图块的方法：

命令：W

WBLOCK 指定插入基点：（选择底座下端中点）

选择对象：指定对角点：找到 20 个（用窗口选择底座的图形）

选择对象：回车。

出现如图 11.7 所示的"写块"对话框，点击"确定"完成图块的创建。

图 11.7 "写块"对话框

④ 依次绘制顶盖、螺钉、旋转杆和起重杆，如图 11.8 ~ 11.11 所示。在绘制对象时要注意图层的对应关系。完成后按照步骤③分别保存为外部图块。

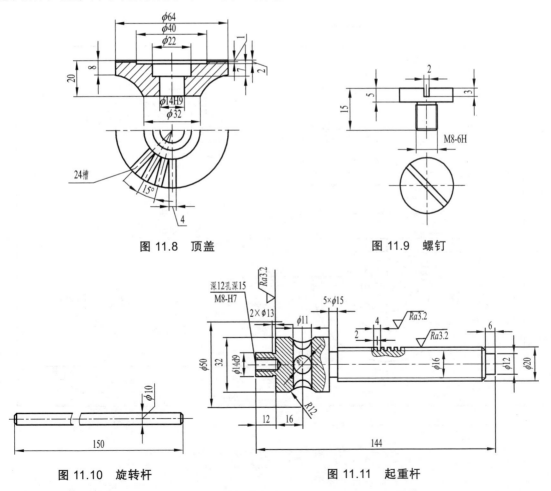

图 11.8 顶盖

图 11.9 螺钉

图 11.10 旋转杆

图 11.11 起重杆

⑤ 插入零件图块，拼画成装配图。

⑥ 切换到"尺寸标注"图层，进行图形尺寸标注前，要合理地设置好"尺寸标注样式"以供选择。切换到"文本"图层，在图形中填写技术要求，要根据文字大小的有关要求，合理地设置好"文字样式"。标注和尺寸标注的结果如图 11.5 所示。

⑦ 检查图形，无误后保存图形，退出当前图形。

11.3 三维建模装配

在实际运用中，应根据零件（或部件）的结构特点，灵活运用相应软件和命令完成相应模型的建立、零件图（或装配图）的绘制。本节主要是以台虎钳为例运用 AutoCAD 软件和 Pro/E 进行建模与运动模拟，并绘制装配图，以达到综合应用这两款软件的目的。台虎钳零件图如图 11.12 ~ 11.17 所示。

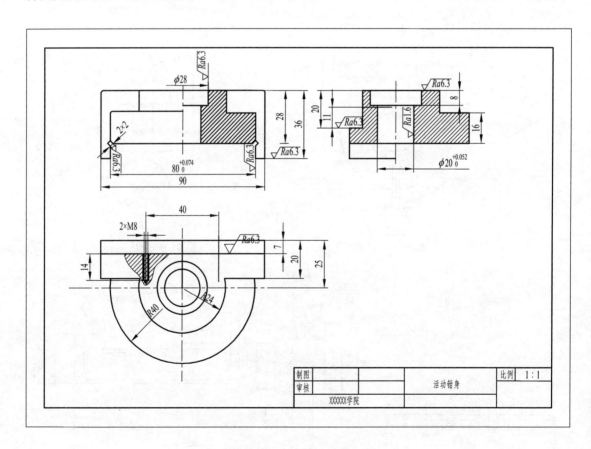

图 11.12 活动钳身

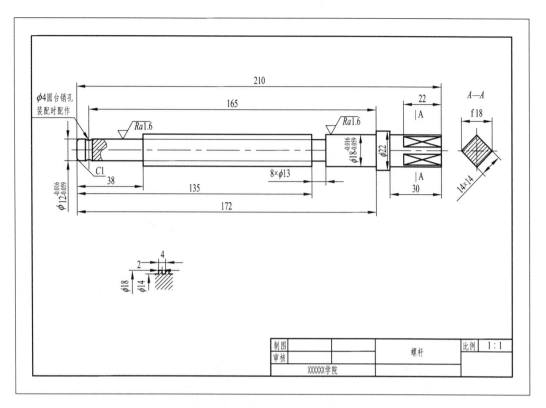

图 11.13　螺杆

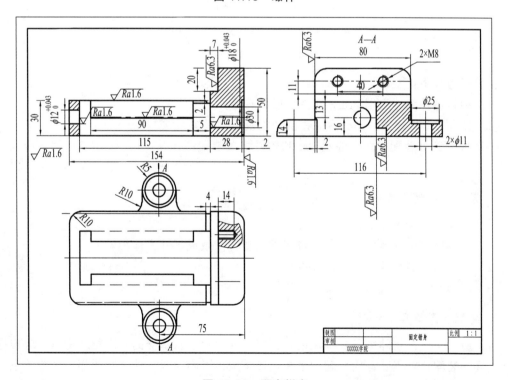

图 11.14　固定钳身

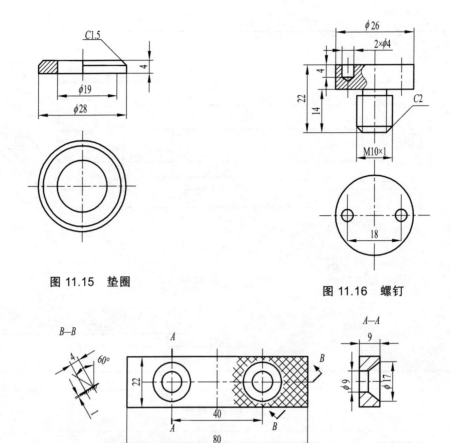

图 11.15 垫圈

图 11.16 螺钉

图 11.17 钳口板

主要任务如下：

（1）根据零件图，运用 Pro/E 软件完成所有零件三维模型的建立。

（2）使用 Pro/E 软件，完成台虎钳的装配及运动模拟。

（3）根据三维装配模型，通过 Pro/E 软件生成装配图，并运用 AutoCAD 编辑修改该装配图。

1. 零件三维造型步骤

零件三维造型步骤如下：

（1）造零件：绘制零件草图，通过三维造型特征生成零件实体图。

（2）装机械：插地基、添零件、设配合。

（3）出图纸：选格式、投视图、添注解。

2. 装配注意事项

（1）应用 Pro/E 软件进行三维建模时，应合理利用已有基准面；进行装配时，应根据传动路线逐一装配，并正确运用装配约束和连接类型，以确保两零件之间的相对位置关系和相对运动关系均正确。

（2）编辑装配图时，正确设置图层、文字样式、标注样式以符合国家标准；合理选择投影方向，合理选用视图的表达方案，正确表达投影关系。

3. 需要提交的材料

（1）电子类资料。

① 应用 Pro/E 软件完成的各个零件的三维模型。

② 应用 Pro/E 软件完成的台虎钳装配体，并生成工程图。

③ 应用 Pro/E 软件完成台虎钳运动模拟。

④ 应用 AutoCAD 软件对工程图进行编辑生成装配图。

（2）纸质类资料。

① 实训任务书一份。

② 台虎钳装配图一张。

习 题

11-1 绘制图 11.18 所示的蜗轮轴工作图。

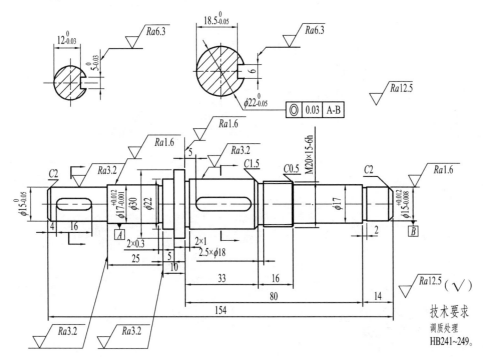

图 11.18 题 11-1 图

11-2　绘制图 11.19 所示的皮带轮零件图。

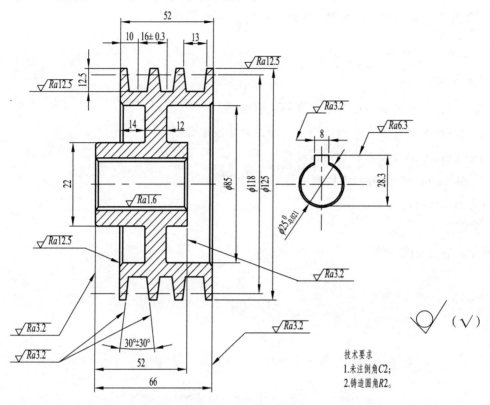

图 11.19　题 11-2 图

11-3 绘制图 11.20 所示的箱体零件图。

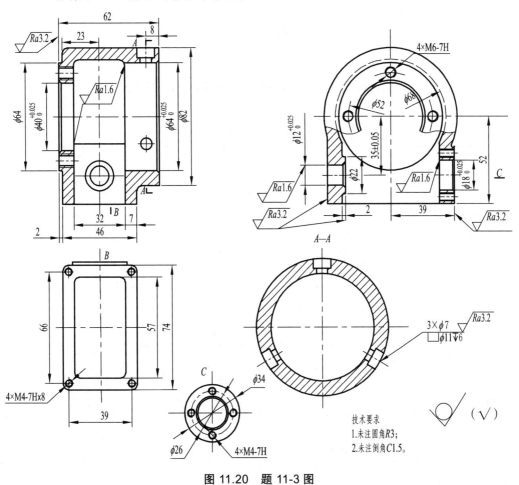

图 11.20 题 11-3 图

11-4 完成台虎钳的三维建模和装配。

附　录

附录 1　AutoCAD 2014 常用快捷键

附表 1　AutoCAD 快捷绘图命令

PO	点	L	直线
C	圆	A	圆弧
XL	射线	PL	多段线
T	文本	MT	多行文本
B	块定义	I	插入块
H	填充		

附表 2　修改快捷命令

CO	复制	MI	镜像
AR	阵列	AL	对齐
M	移动	E	删除
TR	修剪	EX	延伸
SC	比例缩放	BR	打断
U	恢复上一次操作	LA	图层操作
O	偏移	RO	旋转

附表 3　键盘的功能键

F1	获得帮助	F2	切换文本和绘图区窗口
F3	控制是否实现对象自动捕捉	F7	栅格显示模式控制
F8	正交模式控制		

附表 4　Ctrl + 快捷键功能

Ctrl + A	全选	Ctrl + C	将选择的对象复制到剪切板上
Ctrl + Shift + C	带基准点复制对象到剪切板上	Ctrl + J	重复执行上一步命令
Ctrl + N	新建图形文件	Ctrl + O	打开图像文件
Ctrl + P	打印文件	Ctrl + Q	退出 CAD
Ctrl + L	正交开关	Ctrl + S	保存文件
Ctrl + Shift + S	图形另存为	Ctrl + V	粘贴剪贴板上的内容
Ctrl + Z	取消前一步的操作	Ctrl + X	剪切所选择的内容

附录 2　Pro/E5.0 常用快捷键

附表 5　Pro/E5.0 常用快捷键

Ctrl + X	剪切	Ctrl + C	复制
Ctrl + V	粘贴	Ctrl + G	草绘时切换构造线
Ctrl + Z	撤销	Ctrl + Y	重做
Ctrl + A	退出草绘器	Ctrl + S	保存
Ctrl + O	打开文件	Ctrl + N	新建文件
Ctrl + P	打印文件	Ctrl + F	查找
Ctrl + D	回到缺省的视图模式	Ctrl + R	屏幕刷新
CtrL + Alt + A	草绘时全选	Ctrl + Alt + 左键	旋转和平移零件
Ctrl + Alt + 右键	平移零件	Ctrl + Alt + 中键	旋转零件

参考文献

[1] 张建军. 计算机辅助设计绘图[M]. 北京：机械工业出版社，2011.

[2] 张顺心. 计算机辅助设计绘图[M]. 北京：机械工业出版社，2001.

[3] 董祥国. AutoCAD 2014 应用教程[M]. 南京：东南大学出版社，2014.

[4] 王林玉. AutoCAD 实用教程[M]. 北京：北京理工大学出版社，2016.

[5] 詹友刚. Pro/ENGINEE 野火版 5.0 机械设计教程[M]. 北京：机械工业出版社，2011.

[6] 楼金广. Pro/ENGINEE Wildfire 野火 5.0 中文版入门精讲与实例教程[M]. 上海：上海交通大学出版社，2014.

[7] 廖希亮，张敏，朱敬莉. 计算机绘图与三维造型[M]. 北京：机械工业出版社，2010.

[8] 汤爱君. 计算机绘图与三维造型[M]. 北京：机械工业出版社，2017.

[9] 杨雨松，刘娜. AutoCAD 2006 中文版实用教程[M]. 北京：化学工业出版社，2006.

[10] 周建国. AutoCAD 2006 基础与典型应用一册通（中文版）[M]. 北京：人民邮电出版社，2006

[11] 郑阿奇. AutoCAD 实用教程 2015[M]. 北京：电子工业出版社，2015.

[12] 邹玉堂. AutoCAD 2014 实用教程[M]. 北京：机械工业出版社，2016.

[13] 解璞. AutoCAD 2007 中文版电气设计教程[M]. 北京：化学工业出版社，2007.

[14] 汪勇. AutoCAD 2012 工程绘图教程[M]. 北京：高等教育出版社，2013.

[15] 郑阿奇. AutoCAD 实用教程[M]. 4 版. 北京：电子工业出版社，2015.

[16] 廖希亮. 计算机绘图与三维造型[M]. 北京：机械工业出版社，2011.

[17] 刘光清. AutoCAD 机械制图项目化教程[M]. 成都：西南交通大学出版社，2015.

[18] 谢平. AutoCAD 工程制图实例教程[M]. 成都：西南交通大学出版社，2016.

[19] 张四新. Pro/E 项目式教程零件设计篇[M]. 武汉：华中科技大学出版社，2012.

[20] 诸小丽. Pro/E 实用教程[M]. 北京：人民邮电出版社，2005.

[21] 占金青，贾雪艳，等. Pro/ENGINEE Wildfire 5.0 中文版从入门到精通[M]. 北京：人民邮电出版社，2017.